OECD政策レビュー・日本農業のイノベーション

~生産性と持続可能性の向上をめざして~

OECD●編著

木村 伸吾
米田 立子
重光 真起子
浅井 真康
内山 智裕
●訳

Innovation,
Agricultural Productivity
and Sustainability in Japan

大成出版社

経済協力開発機構（OECD）

　経済協力開発機構（Organisation for Economic Co-operation and Development,OECD）は、民主主義を原則とする36か国の先進諸国が集まる唯一の国際機関であり、グローバル化の時代にあって経済、社会、環境の諸問題に取り組んでいる。OECD はまた、コーポレート・ガバナンスや情報経済、高齢化等の新しい課題に先頭になって取り組み、各国政府のこれらの新たな状況への対応を支援している。OECD は各国政府がこれまでの政策を相互に比較し、共通の課題に対する解決策を模索し、優れた実績を明らかにし、国内及び国際政策の調和を実現する場を提供している。

　OECD 加盟国は、オーストラリア、オーストリア、ベルギー、カナダ、チリ、チェコ、デンマーク、エストニア、フィンランド、フランス、ドイツ、ギリシャ、ハンガリー、アイスランド、アイルランド、イスラエル、イタリア、日本、韓国、ラトビア、リトアニア、ルクセンブルク、メキシコ、オランダ、ニュージーランド、ノルウェー、ポーランド、ポルトガル、スロバキア、スロベニア、スペイン、スウェーデン、スイス、トルコ、英国、米国である。欧州委員会も OECD の活動に参加している。

　OECD が収集した統計や、経済、社会、環境の諸問題に関する研究成果は、加盟各国の合意に基づく協定、指針、標準と同様に OECD 出版物として広く公開されている。

　本書は OECD の事務総長の責任のもとで発行されている。本書で表明されている意見や主張はかならずしも OECD またはその加盟国政府の公式見解を反映するものではない。

Originally published in English under the title:
"Innovation, Agricultural Productivity and Sustainability in Japan"

©OECD, 2019
©OECD「OECD 政策レビュー・日本農業のイノベーション～生産性と持続可能性の向上をめざして～」, Japanese language edition, Organisation for Economic Co-operation and Development, Paris, and Taisei Shuppan Co.,Ltd., Tokyo 2019

本書に掲載する文書及び地図は、あらゆる領土の地位や主権を、国際的な境界設定や国境を、また、あらゆる領土や都市、地域の名称を害するものではない。

イスラエルの統計データは、イスラエル政府関係当局により、その責任の下で提供されている。OECD における当該データの使用は、ゴラン高原、東エルサレム、及びヨルダン川西岸地区のイスラエル入植地の国際法上の地位を害するものではない。

日本語版の質および原著との整合性については、日本語版の出版社である大成出版社が責任を負う。

序文

　OECD 政策レビュー・日本農業のイノベーション―生産性と持続可能性の向上をめざして―（原文：Innovation, Agricultural Productivity and Sustainability in Japan）は、農家や企業がイノベーションを起こし、食料・農業部門をより生産性が高く、環境的に持続可能にするための条件について分析している。本レポートでは、まず日本の食料、農業部門を概観し、その課題と機会を示した後、生産性向上や持続的な資源利用に影響する主要な要因や誘引を念頭に、農業政策環境、農業イノベーションシステム、農業における人的資本開発といった幅広い政策を分析している。

　本レポートは、G20 との作業の文脈において OECD によって開発された分析枠組みを適用し、既存の政策が食料・農業部門の生産性や持続可能性の向上を促進するものかどうかという観点から日本の政策を評価したものである。これまで、この分析の枠組みはオーストラリア、ブラジル、カナダ、中華人民共和国、エストニア、韓国、ラトビア、オランダ、スウェーデン、トルコ及びアメリカ合衆国に適用されている。

　本レビューは木村伸吾及び重光真起子により作成された。Urszula Ziebinska, Martina Abderrahmane, 高野昌広、Karine Souvanheuane, Florence Bossard 及び Noura Takrouri が統計サポートを提供した。Martina Abderrahmane, Michèle Patterson 及び Misha Pinkhasov が編集、出版をサポートした。OECD のイノベーション、生産性及び持続可能性に関するレビューは Catherine Moreddu により主導されており、Frank van Tongeren は全体的なマネージメントを行った。

　このレビューは日本の専門家によるバックグラウンドレポートを参考にして作成されており、各分野の担当者は、農業政策（株田文博：政策研究大学院大学（現中村学園大学））、農業イノベーションシステム（浅井真康：農林水産政策研究所）、人材育成政策（内山智裕：東京農業大学）であった。

本レポートの作成にあたって Ken Ash, Carmel Cahill, Frank Van Tongeren, Catherine Moreddu, Guillaume Gruère, Jesús Anton and Charles Cadestin をはじめとする OECD 職員や学習院女子大の荘林幹太郎からの有意義なコメントが得られた。また、プロジェクト実施への支援やコメントを行った農林水産省、OECD 日本政府代表部、日本へのミッションの際にいただいた専門家や関係者からの情報提供や建設的意見に感謝したい。

本レビューは 2019 年 3 月に開催された OECD 農業委員会農業政策・市場作業部会により公表の合意が得られたものである。

要旨

　日本の農業は、近年まで長らく縮小傾向を見せていた。1990年以降、日本の農業生産額は25%以上減少し、販売農家及び農業従事者数は50%以上減少した。農業は、主に国際競争力を高めることで特に農村地域における経済成長に貢献するため、常に生産性の向上を求められ続けてきた。一方で、集約的な農業生産は環境への負荷を高めた。

　従来、日本農業は小規模の稲作に特徴付けられ、より生産性や収益性の高い大規模農家への構造転換が主な政策目標であった。今日、農業産出額に占めるコメの割合は20%を下回り、少数の大規模かつ多くの場合法人形態を取る農家の存在が増している。2015年には、3%の大規模農家が農業総生産の過半を占めるまでになっている。

　縮小する国内市場及び労働力の減少は、食料農業部門を含む日本経済に重要な示唆を与える。日本の生産年齢人口は今後40年間でさらに41%減少し、65才以上の人口割合もおよそ40%に達すると見込まれている。高齢化は農業分野で最も進んでおり、農業経営者の56%が65才以上となっている。

　一方で、東アジアの急速な経済成長は、日本の農産物に対する市場機会を開いており、2012年から2018年の間に、元来小額であったとはいえ日本の農産物の輸出額は倍増した。今日、農業は技術やデータ集中的な産業となっており、日本は、国内でより技術集約的な農業を発展させ、潜在的に、高付加価値な農産物の生産ネットワークを地域的や全世界に拡大させる上で好位置に付けている。

　農業におけるイノベーションは、農業以外の他分野で開発された技術にますます依存するようになっている。こうしたイノベーションのプロセスは、拡大し、かつ、多様化する関係者のネットワークを通じ、より双方向性の高いものとなっている。このため、農業と他分野の融合をさらに進めることで、日本の農業は、他分野の高い競争力を有する技術やスキルの恩恵を受けるこ

とが可能となるだろう。一方で、日本では、経営資源に乏しい小規模家族農家は政府が支えなければ消滅するとの暗黙の仮定があり、長らく農業は他分野とは異なる扱いを受けてきた。しかしながら、国内における農業構造の進展と、国内、地域的、全世界的なバリューチェーンの発展・統合という世界的な潮流を踏まえ、日本の政策パラダイムは、イノベーションや起業、持続可能な資源の利用を促すものへと転換することが求められている。

農業と他分野との融合を促進するためには、民間の生産資材やサービスの供給者の役割を拡大させる必要がある。現在、農業金融において市中銀行が果たす役割は比較的小さく、農協は組合員に対し、金融、保険、資材供給、販売等の総合的なサービスを提供している。その結果、農協は一部の生産資材市場において優越的な位置を維持している。しかしながら、農協と他のプレーヤーとの競争は、プロ農家の持つ専門的な需要により適確に応えることのできる他の生産資材やサービスの提供者の発展を促すだろう。

農業の環境パフォーマンスの向上と気候変動に伴い増加する自然災害への備えを強化することは、日本農業の持続的な成長を確保するための鍵である。一方で、農業の環境負荷低減に向けた進捗はこれまでのところ限定的であった。日本は、すべての生産者が環境パフォーマンスの改善に関与する統合された農業環境政策の枠組みを構築するべきである。農業政策の各プログラムは、農家が持続性の高い生産方式を採用するよう、一貫したインセンティブを与えるべきであり、必要に応じ違反者に対するペナルティ措置を講じるべきである。また、国が日本全体の目標と国の農業政策との一貫性を確保しつつ、地方自治体は地域レベルでの農業環境政策を実施する上でより大きな役割を果たすべきである。

プロ農家が必要とする政策支援の形も進化している。日本は品目特定的でない支払いの役割を増やしたが、生産者への支持の大部分は依然として特定の品目の生産を求める市場価格支持で占められている。農業政策は、農家を非競争的で収益の低い生産活動に留め置く指示的政策から、農家が経営判断を自ら自由に行うことのできる政策に転換すべきである。政策は生産者が抱える経営課題の解決やビジネス機会の向上に焦点を当てるべきである。例えば、教育やスキルの向上の機会、専門的な助言サービス、リスク管理手段の提供は優先課題であろう。特に、農業経営者は、自己又は外部のスキルや経

営資源を活用しつつ、総合的なビジネスプランを作成し、バリューチェーンとのリンクを構築するために、起業やデジタル技術に関するスキルを必要としている。農業教育や訓練をより魅力的かつ適切なものとすることは、才能ある者を農業に引きつけ、農業における潜在的なスキルのミスマッチを解決するために極めて重要である。

　今日、プロ農家は、農業の研究開発や人的資本開発に主体的に参画できるより高い資質を持っている。関係者がこうした分野により深く関与することで、日本の農業イノベーションはより需要主導的なものとなる。加えて、農業の研究開発システムと日本のイノベーションシステム全体との統合を進め、分野横断的あるいは国際的な共同研究への阻害要因を取り除くことで、日本の農業は国内の他分野や外国の技術から恩恵を受けることができるだろう。

主要な政策提言

イノベーションと起業をより促す政策及び市場環境の構築

- 海外市場における日本の農産物に対する多様な需要を喚起するため、現地生産ネットワークの国際的展開を含むより需要主導型アプローチを構築する。
- 金融支援における政府の役割を減らし、民間銀行の役割を増大させる。
- 独占禁止法の適用徹底及び単位農協での信用事業と経済事業間の相互補てんの制限を通じ、JAグループと他の農業資材及びサービス供給事業者との間の公平な競争条件を確保する。
- 農業生産を超えた、農家による起業的需要に対応するため、農業経営政策と、中小企業に焦点を当てたより幅広い政策との関連性を拡大させる。
- 農業のデジタル化を推進するため、ソフトインフラを整備するとともに、新たなデジタル技術の活用を促すためハードインフラを再設計する。
- 品目特定的支持の段階的廃止と、段階的な国際市場への開放により、生産の決定に関する農家の自由度を高める。
- 政策プログラムでカバーされる収入損失の範囲を狭めることで、通常の経営リスクの管理における農家の役割を強化するとともに自主的なリスク管理プログラムの導入を検討する。

環境政策の目的を農業政策の枠組みに完全に融合させる

- 幅広い関係者が参加し、農業の環境パフォーマンスの体系的評価を実施するとともに、これに基づいて、国及び地域レベルで農業環境政策の目標を設定する。
- 現在の農業環境規範で定義されている順守すべき環境水準（リファレンスレベル）の範囲を、気候変動の緩和や生物多様性を含むより幅広い環境課題に拡大し、地域の環境条件に適した環境政策目標と順守すべき環境水準を確立する。
- 各地域で設定された環境水準の順守を、直接支払いに対する受給要件とする取組み（クロスコンプライアンス）を拡大するとともに、地方自治体において統合的な農業環境政策を設計する。
- 水利用の効率性を高めるため、水田における実際の水使用量を料金に反映させるとともに、現在と将来の利用者間における投資の費用便益のバランスを確保し、水利施設を持続的に維持するため、その長期的更新コストを料金に含める。

より協働的な農業イノベーションシステムの確立

- 公的な農業研究開発は、中長期的視点を持つ前競争的な分野や、商業生産と結び付いていない分野に集中させる。
- 研究開発活動に需要を反映させ、農業に対する研究開発投資に対する全体的な支出能力を高めるため、農業の研究開発に対する生産者団体との共同出資制度を導入する。
- 現在一部にとどまっている競争的研究助成金プロジェクトを拡大し、民間部門、国外の研究者や研究機関との共同研究への助成及び共同出資を増やす。
- 分野横断的なイノベーションを促進するため、農業の研究開発システムと日本のイノベーションシステム全体との統合をさらに進める。
- 国と各県の農業研究機関の役割を明確にするとともに、地域的な農業の研究開発努力をより広域的な地域へ統合する。

農家のイノベーション能力の向上

- プロ農家の教育活動や資金提供への参加の拡大を含め、農業教育における農業・食品産業との連携を強化させる。
- 農業経営者が必要なスキルを習得できるよう、農業職業教育のカリキュラムを見直すとともに、より体系化された習得の機会を提供し、講義と実務を組み合わせた研修プログラムを開発する。
- 教育資源をプールし、地域の農業情勢に適合した特色的で専門的な農業教育を構築するため、民間部門との連携を拡大する形で県農業大学校を広域的に統合する。
- 都道府県の普及事業は、持続的な生産方式の促進や、規制の順守や政策プログラムに関する助言等公益的な分野に集中させる一方、民間の技術普及サービス事業者の役割を拡大する。

OECD 政策レビュー・
日本農業のイノベーション ～生産性と持続可能性の向上をめざして～

目 次

　序 文

　要 旨

Chapter 1
評価と提言

1.1　イノベーション、生産性、持続性の向上は
　　　世界及び日本において鍵となる課題である　12
1.2　日本農業は転換点にある　14
1.3　農業におけるイノベーションと起業を促す政策及び市場環境の構築　18
1.4　持続可能性に関する政策目標は農業政策の枠組みに融合されるべきである　24
1.5　官民や他分野との間での協働は
　　　日本の農業イノベーションシステムを強化する　27
1.6　農家のイノベーションスキルを向上させることは
　　　農業分野のイノベーション政策の重要な要素である　31

参考文献　33

Chapter 2
日本の農業・食品部門の現状と課題

2.1　一般的な経済環境　34
2.2　日本の農業及び食品部門の特徴　38
2.3　日本農業の生産性パフォーマンス　49
2.4　日本農業の環境パフォーマンス　51
2.5　要旨　63
注　65
参考文献　66

Chapter 3
日本の農業・食品部門に対する一般的な政策環境

- 3.1 マクロ経済政策 71
- 3.2 公的ガバナンス 74
- 3.3 貿易・投資政策 76
- 3.4 起業に対する政策環境 79
- 3.5 金融市場政策 83
- 3.6 インフラ政策 85
- 3.7 自然資源管理政策 90
- 3.8 要点 101
- 注 103
- 参考文献 104

Chapter 4
日本の農業政策環境

- 4.1 農業政策の目的 107
- 4.2 農業政策の概観 110
- 4.3 農業貿易政策 114
- 4.4 国内農業政策 119
- 4.5 農業環境政策 126
- 4.6 要点 132
- 注 133
- 参考文献 134

Chapter 5
日本の農業イノベーションシステム

- 5.1 日本のイノベーションシステムの一般的な特徴 135
- 5.2 農業イノベーションシステムの主体とガバナンス 140
- 5.3 農業及び食品産業におけるR&D投資と成果 150
- 5.4 知識市場とネットワークの創出 154

5.5　国際的な研究開発協力　163
5.6　要　点　167
注　169
参考文献　170

Chapter 6
日本の農業における人材育成

6.1　日本の農業者に必要となるスキルの変化　172
6.2　農業者教育　176
6.3　新規就農及び農業経営継承を支援する政策　183
6.4　農業普及及び農業支援サービス　186
6.5　労働市場政策　191
6.6　要　点　194
参考文献　196

表

表2.1.　主要な経済指標、2017年　35
表2.2.　経済及び自然資源に占める農業の割合、2017年　36
表2.3.　日本の主要な農産物・食品貿易相手国、2015～17年　41
表2.4.　農業のバリューチェーンへの接続の程度、2014年　43
表2.5.　法人経営体数の推移　45
表3.1.　日本の経済パフォーマンスに関する主要指標、1990－2019年　72
表3.2.　日本のガバナンス指標、2016年　74
表3.3.　インフラ老朽化の指標　86
表5.1.　農業R&D総予算に占めるプロジェクトベースの研究資金の割合　144
表5.2.　日本における農業及び食品関係のR&D成果と国際比較、2007～2012年　152
表5.3.　日本の知的財産保護関連制度　158
表5.4.　日本における農業・食品科学における国際共同研究、2006～2011年　163
表6.1.　農業教育機関別の卒業生の就農率、2016年　178
表6.2.　各国の技術アドバイザリーサービスの特徴　187

図

図 1.1. 農業・食品部門におけるイノベーション、生産性及び持続可能性の政策要因　13
図 2.1. 日本の人口構造、1950 〜 2065 年　37
図 2.2. 日本の農業生産額の構成、1960 〜 2017 年　38
図 2.3. 日本における 1 人当たりの食料供給量、1960 〜 2017 年　39
図 2.4. 日本の農産物・食品輸出、2002 〜 2017 年　40
図 2.5. 農産物・食品の比較優位顕示 (RCA) 指数、2005 〜 2014 年　42
図 2.6. 日本における農家と農業従事者数の変化　44
図 2.7. 農家の規模別の農業経営者の年齢分布　45
図 2.8. 規模階層ごとの農業経営の分布　46
図 2.9. 日本及び EU15 か国における農業生産の分布　46
図 2.10. 日本における農家所得の構成、2017 年　48
図 2.11. 農業の全要素生産性 (TFP) 上昇率、1991 〜 2000 年及び 2001 〜 2015 年　49
図 2.12. 日本の全要素生産性 (TFP) 成長率の分解、1961 〜 2015 年　50
図 2.13. OECD 及び EU15 か国と比較した日本の農業環境パフォーマンス指標、1993 〜 95 年及び 2013 〜 15 年　52
図 2.14. OECD 加盟国における窒素及びリンの収支、1993 〜 95 年、2003 〜 05 年及び 2013 〜 15 年　54
図 2.15. OECD 加盟国中地下水における硝酸塩による推奨飲料水水質基準を超えた農業地域、2000 〜 2010 年　55
図 2.16. OECD 加盟国における農地面積当たり農薬販売量、2011 〜 15 年　57
図 2.17. OECD 諸国における年間降水量及び 1 人当たり水資源賦存量、2014 年　58
図 2.18. OECD 加盟国における全部門及び農業部門のエネルギー使用量、2016 年　60
図 2.19. OECD 加盟国における農業部門の温室効果ガス排出量の割合、2015 年　61
図 3.1. 世界競争力指数、2017 〜 18 年　73
図 3.2. 政策分野別の国と地方による支出の役割分担、2016 年　75
図 3.3. 工業品及び農産物の輸入関税　77
図 3.4. OECD 直接投資規制制限指標、2003 年及び 2016 年　78
図 3.5. 中小企業に対する信用保証、2015 年　83
図 3.6. 農業インフラの推移、1954 〜 2014 年　86
図 3.7. OECD 加盟国における住民 100 人当たりの携帯ブロードバンド契約数、2017 年　87
図 3.8. 期待される農業データ連携基盤の構造　89
図 3.9. 環境政策の厳格性の推移、1990 〜 95 年及び 2012 年　90
図 4.1. 日本の生産者支持推定額 (PSE) の推移、1995 〜 2017 年　110
図 4.2. 農業支持の内訳、2015 〜 17 年　111
図 4.3. 一般サービス支持の内訳、2015 〜 17 年　112
図 4.4. 単一品目移転 (SCT) の割合の推移、1986 〜 2017 年　112
図 4.5. 日本の単一品目移転 (SCT)、2015 〜 17 年　113

図 4.6. 日本の農業環境政策の構造 128
図 4.7. 特定の生産慣行の実施を条件とした政策支持、2015 ～ 17 年 130
図 5.1. 日本の科学及びイノベーションシステムのパフォーマンス比較、2016 年 137
図 5.2. 国立研究開発法人の評価体制 149
図 5.3. 農業 R&D に対する公的投資の水準 151
図 5.4. 民間部門による農業、食品及び飲料分野での R&D 投資 151
図 5.5. 競争的資金制度の支援対象となる研究ステージと支援内容 155
図 5.6. 知的財産権保護に関する指標 160
図 5.7. 民間研究開発に対する政府直接資金援助及び優遇税制、2015 年 161
図 6.1. 日本の教育システム 177
図 6.2. OECD 諸国の高等教育における職業教育プログラムの割合、2015 年 178
図 6.3. 日本における新規就農者の推移、2006 ～ 2017 年 183
図 6.4. 日本における外国人技能実習生の推移 (主な職種別)、2007 ～ 2016 年 192

Box

Box 3.1. 日本の中小企業政策 80
Box 3.2. 日本の農業協同組合 81
Box 3.3. 農業のデジタル化に向けたソフトインフラの構築 88
Box 3.4. 米国における農薬登録と生物多様性 93
Box 3.5. 水資源管理における ICT の活用 97
Box 3.6. 日本の農地規制 100
Box 4.1. 食料・農業・農村基本計画 108
Box 4.2. 日本の農産品地理的表示制度 116
Box 4.3. 日本の食品安全・規格基準政策 118
Box 4.4. 通常のビジネスリスクを管理するための自主的リスク管理プログラム 124
Box 4.5. スイスにおける農業環境モニタリング 126
Box 4.6. EU における農業支持の義務的環境要件 128
Box 4.7. 地域の農業環境政策―滋賀県の場合 131
Box 5.1. 農業分野の研究開発に対する共同出資モデル 146
Box 5.2. 農業におけるオープンイノベーションに向けたプラットフォーム 156
Box 6.1. 将来の課題や機会に関する日本の農業者の認識調査 174
Box 6.2. オーストラリアの農業・食品産業で求められる
優先的なスキルと戦略を策定する取組み 175
Box 6.3. 効果的な職業教育システムの主要な特徴 179
Box 6.4. オランダ：緑の教育の発展 181
Box 6.5. 農業普及・支援組織の国際比較 186
Box 6.6. EU 加盟国における農業支援サービス 190

Chapter 1
評価と提言

1.1 イノベーション、生産性、持続性の向上は世界及び日本において鍵となる課題である

　世界的な食料、飼料、燃料、繊維に対する需要の増加という課題に対応するためには農業の生産性の成長率を向上させなければならない。同時に農業の生産性の向上は、より効率的な自然・人的資源の利用と環境汚染の低減を通じて持続可能な形で達成される必要がある。様々な経済政策が食料、農業部門のパフォーマンスに影響しており、農業部門特定の政策と併せて考慮されなければならない。イノベーションが食料農業チェーン全体を通じた持続可能な生産性向上に重要であることに鑑み、本レポートは、日本における農業イノベーションシステムのパフォーマンスに焦点をあてている。

　本レポートで適用された分析の枠組みは、持続的な生産性の向上の鍵となる要因、すなわちイノベーション、構造変化、農業の環境面での持続可能性に対する政策的な誘引や阻害要因を考慮したものである(図1.1.)。本レポートは食料、農業部門の特徴やそのパフォーマンスの概観と将来直面するであろう課題に触れ(Chapter 2)、その後、生産性向上や持続的な資源利用に影響する主要な要因や誘引にしたがって、以下の通り幅広い政策について検討している。

- 食料、農業部門に対する一般的な政策環境(Chapter 3)
- 農業政策環境(Chapter 4)
- 農業イノベーションシステム(Chapter 5)

● 農業における人材育成（Chapter 6）

　本レポートは専門家により提供された背景情報や近年の OECD による農業、経済、農村、環境、イノベーションに関する政策レビューに基づいたものである。本レポート全体にわたって、各政策分野におけるイノベーション、生産性向上、持続可能性に対する影響について議論し、それぞれの政策分野における政策提言を導くものである。

図 1.1. 農業・食品部門におけるイノベーション、生産性及び持続可能性の政策要因

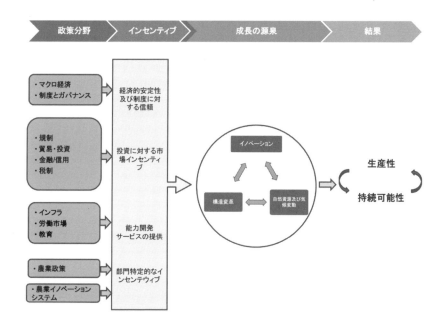

出典：(OECD, 2015 [1])　"Analysing policies to improve agricultural productivity growth, sustainably：Draft framework", www.oecd.org/agriculture/policies/innovation.

1.2 日本農業は転換点にある

**30年にわたる縮小を経て、
日本の農業は成長に向けたいくつかの兆候がみられる。**

　日本の農業は長きにわたり縮小傾向にあった。1990年から、日本の農業生産額は25％以上、農家数及び農業従事者数は50％以上減少した。日本経済に占める農業の割合は2017年にGDPの1.1％、雇用者数の3.4％にまで減少した。

　日本は中国に次ぐ世界第2位の純食料輸入国である。食料自給率を維持する政策努力にもかかわらず、日本はカロリー摂取の60％以上を輸入に依存している。貿易フローは、日本が農産物及び食品において比較優位を有していないことを示している。しかしながら、東アジアにおける急速な経済成長は、日本の農産物・食品に対する需要を増大させた。日本の農産物・食品輸出は額としては小さいものの、2011年から2017年の間でおよそ2倍に拡大し、新たな市場機会を開いた。農業生産額は2015年以降3年連続で増加し、若年新規就農者数も増加傾向にある。

**構造変化は日本の農業の
生産性向上の主な要因であった。**

　雇用における農業の割合が国内総生産よりも高いということは、農業の労働生産性が他の経済部門と比べて低いことを示している。農業・食品部門は、極めて競争力の高い製造業に追いつき、国際的な競争力を高めるため、生産性を向上させるよう圧力を受けてきた。日本の農業の生産性向上は、主により利潤の高い農業部門やより生産性の高い大規模農家への資源の再配分により達成されてきた。農業生産額におけるコメのシェアは1965年の43％から2015年の17％に減少、一方で畜産及び野菜は1965年の23％、12％から2015年に35％、27％にそれぞれ増加した。食の西洋化により、コメの1人当たり消費量は最盛期の半分以上に減少し、食肉や乳製品の消費量は増加した。

　高齢農業者の離農と、農地の賃貸借に対する政策支援により、大規模なプ

口農家に対する土地利用の集約はこの20年間で加速した。その結果、日本の農業生産構造は、生産の大宗を占める少数の大規模農家と、主に稲作を中心とした多数の小規模農家に二極化した。2015年において、年間3,000万円以上を生産する3％の大規模農家が、農業総生産額の半分以上を占めている。この農家の経済規模の分布は、日本の農業構造がEU15か国と同様の構造に進化していることを示している。

また、日本の農業経営は、伝統的な家族農業から、常時雇用を行う法人農家へ移行してきた。法人農家の数は2005年から2015年で倍増し、農業生産の4分の1以上を占めるに至っている。

農業の持続可能性に関するパフォーマンスは大いに改善の余地がある。

経済に占める農業の割合は低下しているものの、農業は日本の全可住地面積の36％、全取水量の68％を占めており、自然環境への影響を最小限にすることは重要である。土地面積が限られる中、日本の農業生産現場は住宅地に近接している。農業の環境パフォーマンスを高めることは地域住民の生活環境にも影響する地域的問題としても捉えられるべきである。

日本の農業の環境パフォーマンスには大いに改善の余地がある。日本はOECD加盟国中でも最も窒素バランスの高い国の一つであり、これは土壌、水、大気に対する潜在的に高い環境負荷を示している。多くのOECD加盟国が農業の窒素バランスを減らす中で日本の改善は緩やかである。例えば、1993～95年から2013～15年の間で日本の窒素バランスは僅か0.3％しか減少していないのに対し、EU15か国では元々日本より低い水準から35％、OECD全体では24％低下している。

今後の日本農業の成長を投入財や天然資源の集約的な利用によって達成することは不可能である。より頻繁に発生する異常気象と自然災害は将来の日本の農業生産にとって主要なリスクになるであろう。農地と水の持続的な利用を促進し、気候変動への対応を進めていくことは農業の長期的な成長を確保する上で必須である。環境保全型農業を推進することは、国内や海外の消費者に根強い需要のある農産物や食品に高い付加価値を与えることにもつながる。

今後の人口の推移は
大きな課題の一つである。

　日本の人口や労働力の収縮は日本経済にとって主要な課題である。総人口は2008年に既に頂点に達し、2065年までに31%減少すると予測されている。生産年齢人口は1995年に減少に転じ、今後40年間でさらに41%減少すると予測されている。人口の高齢化も顕著である。65歳以上の人口割合は2016年の16%から2055年にはOECD諸国中で最大となる40%に増加すると予測されている。

　縮小する国内市場と労働力の減少は食料・農業部門を含む経済全体に大きな意味を持つ。労働力不足は既に多くの農業経営で深刻な課題となっているが、人口減少と高齢化は中長期的に国内の食品市場を縮小させるだろう。したがって、今後の農業と食品産業が成長できるかどうかは、より少ない人的及び自然資源の使用により、生産性を向上させ、国内及び海外市場に向けた高付加価値の製品が生産できるかどうかにかかっている。

政策立案者は
新たな課題に直面している。

　これまでの政策努力は農業の構造調整、特に土地利用の集積に焦点が当てられてきた。農業の生産性の向上は主により生産性の高い大規模農家への資源の再配分を通じて達成されてきた。しかしながら、今後、農業の生産性や環境パフォーマンスを向上できるかどうかは、これらのプロ農家がイノベーション及び持続可能な生産方式を生み出し、採用できるかどうかにかかっている。

　日本の農業構造の進展により小規模で資源に乏しく、支援がなければ消滅するであろう家族農家を政府が支えるという暗黙の前提は、変化が必要となっている。日本では、農業の生産資源が少数のプロ農家に集約する一方、小規模な兼業農家が非農業所得を増加させることで、農家と非農家の所得格差が段階的に解消した。さらに、農業バリューチェーンにおける技術条件が急速に変化する中、農業におけるイノベーションは農外で開発された技術により依存している。農業とその他の経済部門の融合を一層進めることにより、日本の農業は、農外の競争的な技術やスキルを活用することができる。この

意味で、起業的な農家に対してイノベーション、起業、持続的な資源利用を可能にする良好な政策環境を整備することがより重要になってきている。

　大規模なプロ農家に必要とされる政策支援の形も伝統的な小規模家族農家とは異なっている。例えば、気候変動により天候関連の災害が増加する中、農業経営がより市場や生産リスクにさらされることを踏まえれば、農家のリスク管理のためのツールを開発することはより重要になっている。また、農業経営がより技術及びデータ集約的になり、大規模なプロ農家が農業の研究開発や教育により積極的に関与する能力を備える中、多様なスキルへのアクセスを確保することも、重要な政策課題になっている。

1.3 農業におけるイノベーションと起業を促す政策及び市場環境の構築

より需要主導的なアプローチが日本の農産物に対する海外市場を拡大させる。

　日本は2012年から2019年の間に農産物・食品の海外輸出を1兆円に倍増させるという野心的な目標を設定した。この取組みは、その大半が海外市場でのマーケティングや販売促進活動、品質・衛生基準の国際基準との調和化である。現在の輸出促進政策は、主に日本から輸出する際の供給側に多くの焦点が当てられているが、世界市場における日本産の農産物・食品に対する高まる需要を完全に捉えるためには、より需要主導的な戦略が必要である。多様化する日本の農産物・食料に対する需要に応えるため、国内生産は高度なサービスを用いた高付加価値の農産物・食品に集中する一方、海外直接投資等を通じ、生産ネットワークを海外に拡大できるだろう。このような戦略は日本国内と世界的なバリューチェーンの間の連関性を増大させ、農業を人的資本、投資及びイノベーションにとって魅力的なものにする新たな機会を創出するだろう。

市中銀行が農業金融においてより大きな役割を果たすべきである。

　小規模の家族農家が大宗を占めてきた特異な産業構造を反映し、農業は経済の他の部門とは異なる取扱いを受けてきた。例えば、日本は高度に発展した銀行セクター及び金融市場を有しているが、農業金融において市中銀行の果たす役割は比較的小さい。一方で、政府系金融機関や農協が手厚い政策信用プログラムを農家に提供している。高い水準の信用保証も、市中銀行が、農業金融に対する信用評価システムやリスク管理スキルを開発し、借り手を監視するインセンティブを低下させているおそれがある。しかしながら、日本の農業構造はより大規模なプロ農家が生産の過半を占める構造へと進展した。また農業より技術、データ集約的産業に進化しサービスを価値創造に組み入れている。バリューチェーンを通じた産業間の連関性を高めることは、

他分野の知識や経験が利用可能になることで農業のイノベーション力を高める。特に地方銀行は農業と他の地域産業とを結びつける上でより大きな役割を果たすことができるだろう。

農業経営政策は中小企業政策との関連性を深めるべきである。

　農業における起業環境を整備することは、起業家が革新的なアイデア、生産物、プロセスを持ち込み、スキルを持つ労働力を農業部門に引きつける上で特に重要な政策課題である。非農家が農地を所有又は賃貸借を行う途を拡大した規制改革は、農業における起業に対する障壁を引き下げた。農外の競争的な技術やスキルを導入し、農業におけるイノベーションと起業を促進するため、農業と他の経済部門の融合に対して残る障壁を取り除くべきである。

　法人経営農家の増加に伴い、農業経営者は、人材開発、経営継承及びビジネスマッチングといった他産業の中小企業と同様の経営課題に直面している。農業経営政策と中小企業政策との関係性を高めることは、農業経営者が経営課題を解決し、農業と他産業とのネットワークを強化することに役立つだろう。

より競争的な投入財及び農産物市場が農業を強化する。

　競争的な投入財及び農産物市場を整備することは多様化するプロ農家のニーズに応える上で極めて重要である。日本では、農協（JAグループ）が生産者に対し金融、保険、投入財供給、販売及び技術指導を含む総合的なサービスを提供している。JAは、金融及び保険分野での利益が他の分野における損失を埋め合わせる収益構造になっている。また、JAは法人税の減免や独占禁止法等の規制の適用除外を受けている。その優越的な市場位置により、JAは一定の投入財及び農産物市場において高い市場シェアを維持している。JAの優位により、これに代替する農業サービス供給者の発展は限定されている。

　日本の農業投入財市場の高価格構造が農業の競争力向上の阻害要因となっていることを踏まえ、日本は最近、国内の投入財産業及び卸売市場における

競争を促進するため、JAグループの改革を含む各種の改革を実行した。JAは、組合員の大多数は引き続き兼業の稲作農家でありつつも、大規模なプロ農家の、専門的で、多様化したニーズを満たすという課題に直面している。JAとその他の市場参加者との間でより競争的な市場環境を整備することで農業投入財や農産物市場の機能を向上させ、農外からの技術やスキルを導入する代替的な農業サービスの供給者の出現を促進できるだろう。

より根本的には、国内農産物の価格支持政策が、結果的に投入財価格の価格を高めている。特に、投入財市場における限定的な競争の下では、投入財の供給者は、高い生産物価格による利益を確保するため、投入財価格を高くするインセンティブが働く。国内の市場価格支持を減少させる政策改革は、最終的に投入財価格を低下させ、農業の競争力を改善させるだろう。

より多様な形式の規模拡大が土地利用型農業の生産性上昇に貢献する。

分散化した農地の集約は過去50年間において日本における主要な政策課題であった。土地の賃貸借を促進する政策は大規模生産者への土地の利用の集約に寄与してきた。2014年に設立された農地中間管理機構は、機構を通じた土地の取引に対し、財政的また規制的な誘導措置を強化した。しかしながら、機構を通じた土地の取引に関する財政的な誘導措置は、農作業の委託、農機の共同利用や集落営農組織の結成など、地域の実情に合致したより多様な規模拡大の形式を妨げた可能性がある。

インフラ政策は新たな技術的環境に適合すべきである。

日本は、OECD加盟国で最も高い住民100人当たりの携帯ブロードバンド加入数を誇るなど高い水準のデジタルインフラを持つ。しかしながら、農業におけるデータの集約的な利用は、制度等のソフトデジタルインフラの整備も必要としている。最近の政府による農業データ関係の契約に関するガイドラインの策定やデータの調整、共有及び供給に関するプラットフォームの確立は、このような政策努力の一環である。農業におけるデジタル技術の利用促進のため、無線規制、農道の設計や道路の安全規制を含む物理的及び制

度的インフラの設計を見直す必要がある。

農業支持政策はイノベーション、生産性向上及び持続可能性に照準をより合わせることができる。

日本は、OECD加盟国間で最も高い水準の生産者支持を行っている国の一つである。過去10年間での農政改革で、経営所得安定対策等品目横断的な支持を増やしてきたにもかかわらず、依然として生産者支持の大半は市場価格支持の形態を取っている。単一品目の生産に関連した支持は、生産者による市場の需要に応じた生産に関する決定を妨げ、より生産性の高い用途に配分されるべきである資源を競争力のない部門にとどめる。こうした支持は、より集約的な生産を促し、持続可能性に関する政策目的との一貫性を欠くものである。

農業に対する一般サービスと公共財の提供は、個々の生産者に対する支援よりも、食料・農業部門の長期的な成長や持続可能性を高める上でより効率的である。日本の一般サービス支出の80％以上はインフラ投資、特に灌漑施設に向けられている。一方で、日本のイノベーション・知識システムに対する支出の割合はOECD加盟国内でも特に低い。日本は生産性を向上させ、農業の持続可能性パフォーマンスを高めるという長期的な政策目的により合致するよう農業支持のポートフォリオを再構築することが可能であろう。

改革は進んだものの、米価支持政策は引き続き農業政策の主要な部分を占める。

農業生産額に占めるコメの割合が低下しているにもかかわらず、コメ政策は、関連の政策プログラムが日本の生産者支持推定額（PSE）の40％近くを占めるなど、引き続き日本農政の中心である。コメの生産及び販売に関する政府の管理は地域を超えた稲作の最適な分布を阻害してきた。日本はこの25年で、コメ市場に対する直接的な統制を徐々に減らしており、2018年の、行政によるコメの生産数量目標配分の終了及びコメの直接支払交付金の廃止は一連の改革プロセスの一里塚であった。しかしながら、政府は依然として、主食用米をそれ以外の作物へ転換させる支払いを通じ、主食用米の生産を制限する政策誘導措置を維持しており、結果的に米価を支えている。

政策プログラムは
リスクの大部分をカバーしている。

　大規模な販売農家が、より市場や生産リスクにさらされるにつれ、リスク管理プログラムの役割は拡大するだろう。2019年の収入保険制度の導入は、生産者に対するリスク管理ツールの選択肢を増した。しかしながら、様々な支払いや保険プログラムの重複で、それぞれの政策プログラムの役割が不明確となっている。さらに、大半のプログラムは通常の経営リスクの範囲内と考えられる比較的小規模な農家収入の減少により支払いや保険金が発生する傾向にある。

　生産者による健全なリスクテイクは農家段階でのイノベーションと起業を推進する要因の一つである。現在のリスク管理プログラムは生産者が新たな市場機会に臨む際に必要なリスクを取る上で比較的小さな余地しか与えていない。通常の経営リスクに対する政策補助は市場ベースの解決策や農家自らのリスク管理戦略を阻害するとともに、生産の分散を減少させることで農家がよりリスクを取るインセンティブを生む恐れがある。

イノベーションと起業を促す政策及び市場環境を構築するための提言

- 海外市場における日本の農産物に対する多様な需要を喚起するため、高付加価値の製品の国内生産と生産ネットワークの国際展開を組み合わせた需要主導型アプローチを構築する。

- 金融支援における政府の役割を減らし、民間銀行の役割を増大させる。

- 独占禁止法の適用徹底及び単位農協での信用事業と経済事業間の相互補てんの制限を通じ、JAグループと他の農業資材及びサービス供給事業者との間の公平な競争条件を確保する。

- 農業生産を超えた、農家による起業的需要に対応するため、農業経営政策と、より一般的な中小企業政策との連携を拡大させる。

- 農地中間管理機構は農地所有者と借り手との仲介機能を継続して果たしつつ、多様な形式の規模拡大を進めるため、機構を通じた農地の流動化に対する金銭的誘因を減少させる。

- 農業のデジタル化を推進するためソフトインフラを整備するとともに、新たなデジタル技術の活用を促すためハードインフラを再設計する。

- 品目特定的支持の段階的廃止と、段階的な国際市場への開放により、生産の決定に関する農家の自由度を高める。

- 重複しているリスク管理プログラムをリスク階層ごとに簡略化するとともに、品目特定的なリスク管理プログラムを農家ベースのプログラムに変換する。

- 政策プログラムでカバーされる収入損失の範囲を狭めることで、通常の経営リスクの管理における農家の役割を強化するとともに、互助基金あるいは農家が所得申告から控除でき、場合によっては政府からの補助金とマッチングされる特別な口座に貯蓄できるプログラムの導入等自主的なリスク管理プログラムの導入を検討する。

1.4 持続可能性に関する政策目標は農業政策の枠組みに融合されるべきである

日本は、統合された農業環境政策の枠組みを構築すべきである。

　日本の環境政策は、OECD諸国の平均よりも一般的に厳しいものとなっている。農業分野では、水質及び悪臭規制が畜産部門からの点源汚染を管理しているが、作物部門からの非点源汚染については、一般的な環境規制により直接規制されていない。農業の環境パフォーマンスの改善は、農業政策の目標の一つとして設定されているが、定量的な政策目標は国及び地方レベルにおいても設定されていない。加えて、政策目標を設定し、政策進捗の監視・評価をするための農業の環境パフォーマンスの体系的評価も実施されていない。

　日本では、農業環境支払いは耕作地の2%を占めるに過ぎない。政策立案者は、農業環境支払いに参加していない大部分の農業者の環境パフォーマンスの改善を確保する必要がある。したがって、日本は、全生産者が環境パフォーマンスの改善に関与する統合された農業環境政策の枠組みを構築する必要がある。農業政策は生産者に持続可能な生産方式を導入する一貫したインセンティブを与え、順守しない場合は必要に応じペナルティを課すべきである。

　このような包括的な農業環境政策の枠組みを設計するためには、環境目標と順守すべき環境水準（リファレンスレベル）を明確に設定することが必要である。日本では、農業環境規範が、農業者の自己の責任で達成すべき環境パフォーマンスの水準を定義している。しかし、この水準は国レベルで設定されており、気候変動の緩和や生物多様性といったより広範な環境慣行は含まれていない。また、日本は主要な直接支払制度を含め、こうした環境水準を順守することが条件付けられている支払いを増加させた。また日本はより幅広い環境慣行を含むGAPを実施する生産者に対する支援を強化し、そのような生産者に対して優先的に採択される農業政策プログラムの類型を増加させた。しかしながら、特定の生産方式の採用を条件とする支払いは、生

産者に対する財政移転の30%を占めるに過ぎない。これは、大半の支払いにこのような条件付けがされているEUや米国とは対照的である。一方で、OECD諸国の経験では、このような支払いへの条件付けは、地域の多様な農業慣行や状況に適応したものでない場合は効果的ではないことが分かっている。

日本においては、中央政府が農業政策の設計と実施について主要な役割を果たしてきた。しかし、水質や生物多様性等の公共財は地域の環境と密接に関連している（OECD、2015[2]）。地域の公共財の供給に関連する意思決定及び資金調達は、地方、地域レベルでの取組みが国レベルでの取組みよりも優れており（van Tongeren、2008[3]）、地域に適合した環境目標及び順守すべき環境水準の設定を含む、農業環境政策の立案と実施について地方自治体はより大きな役割を果たすべきである。地域の政策目標を達成するために、地方自治体は、より厳しい規制措置、農業環境支払い、自主的な認証システム等、様々な政策手法を組み合わせた総合的な農業環境政策を確立することが可能である。一方で、中央政府は、それら地域計画や政策実施状況と国レベルの目標との一貫性を確保する役割を担うべきある。

水資源の持続的な利用のためには灌漑インフラのより効率的な管理が必要である。

農業は日本の取水量のおよそ70%を占めている。いくつかの大規模な灌漑システムを例外として、土地改良区が、ほとんどの灌漑インフラを運営し維持している。土地改良区は多くのケースで作付けする作物の種類や、休耕しているかを考慮せず、将来あるいは裏作としてコメが作付けされるかもしれないという前提に基づき、運営維持費用を土地面積に応じて組合員に負担させている。現行の制度では、生産者は経済的な水利用を行うインセンティブがほとんどなく、稲作からの農業構造の転換を制限している。少数の大規模農業者への土地利用の集積と、センサー技術の発展は、農場段階での利用量に基づいて水利料金を賦課できる可能性を高めている。

日本は、過去50年間、灌漑インフラに多くの投資を行ってきたが、20%以上の基幹的灌漑インフラは既に耐用年数が過ぎている。土地改良区の組合員は水利施設の運営維持費用を負担する一方、水利施設の修復費用は組合員

と政府との間で分担されている。現在、建設、更新、修復費用は土地改良区の組合員により、個別の事業ベースにより負担されているが、これは現在と将来の灌漑水の利用者との間で費用便益の不均衡を生じさせるおそれがある。水利施設の持続的な運営と維持を確保するためには、現在及び将来の水利用者に対し、施設の更新、修復費用の平等な負担が必要である。

農業政策の枠組みに環境政策の目的を完全に融合させるための提言

- 幅広い関係者が参加した形で行われた農業の環境パフォーマンスの体系的評価に基づき、国及び地域レベルで農業環境政策の目標を設定する。
- 現在の農業環境規範で定義されている順守すべき環境水準（リファレンスレベル）の範囲を、気候変動の緩和や生物多様性を含むより幅広い環境課題に拡大し、地域の環境条件に適合した環境政策目標と順守すべき環境水準を確立する。
- 各地域で設定された環境水準の順守を、直接支払いに対する受給要件とする取組み（クロスコンプライアンス）を拡大する。
- 地域的な政策目標を達成するため、地方自治体において、規制、農業環境支払い、自主的な認証スキームを組み合わせた統合的な農業環境政策を設計する。
- 水利用の効率性を高め、稲作からの農業構造の転換を促進するため、水田における実際の水使用量を水利料金に反映させる。
- 現在と将来の利用者間における投資に関する費用便益のバランスを確保し、水利施設を持続的に維持するため、水利施設の長期的更新コストを料金に含める。

1.5 官民や他分野との間での協働は日本の農業イノベーションシステムを強化する

農業分野のイノベーションは研究開発を超えたシステム的アプローチが必要である。

　これまでイノベーションで支配的なモデルは、公的セクターの研究者が新技術を開発し、普及員が農家に技術指導を行うという供給主導的なものが多かった。しかしながら、世界の農業イノベーションシステムは、より利用者の需要を的確に反映し、より効果的に解決策を創造できるよう進化している。

　研究開発は引き続きイノベーションの主要な構成要素であるが、全体的なイノベーション政策は研究開発と特定の技術に焦点を当てた供給側の政策から、様々な要因や関係者を考慮したよりシステム的なアプローチや、より効果的に革新的な解決策を創出するためより利用者の需要を反映させたものへと変化している。

　日本では、農業分野の研究開発において民間部門は、農業機械や化学といった特定の投入財を除いては限定的な役割しか果たしていない一方、公的研究機関は日本の農業分野の研究開発のあらゆる段階において主要な役割を果たしている。公的な農業研究開発は、原則として、例えば中長期的な視点が必要となる前競争段階にある分野や商業生産に結び付いていない分野など、民間部門による投資が見込みにくい分野に集中すべきである。

農業の研究開発における生産者、農業・食品産業、他産業の関与の増加が需要主導的で開かれたイノベーションを推進する鍵である。

　OECD加盟国の経験は、より需要主導的なイノベーションシステムの構築には関係者間での力強い連携が必要であることを示している。日本は、公的な農業研究開発の計画、実行及び評価段階において生産者や他の利害関係者の関与を強めてきたが、資金提供も含め、農業研究開発に対する関係者による主体的な関与をさらに強めることで、日本の農業イノベーションシステ

ムをより需要主導的にできるだろう。特に、農業の研究開発投資への共同出資制度は、生産者が、研究機関との連携を強化し、農業研究開発の運営において主導的な役割を果たすために有用な仕組みである。また、共同出資制度は、政府がより中長期的な研究課題への公的出資を振り向けることを可能にし、農業研究開発への全体的な支出能力を拡大することを可能にする。

しかしながら、個々の生産者は、研究開発による便益がセクター全体に還元されるため、研究開発プロジェクトに対して資金提供する誘因はほとんどない。生産者による共同出資スキームを確立するためには、研究開発プロジェクトに対し生産者が共同で出資する生産者組織の設立を促進するような法的及び財政的システムが必要になる。

農業分野の研究開発における農業イノベーションシステムへの参加者間での協働はさらに強化できる。

近年日本は、農業のオープンイノベーションのためのプラットフォームを設立し、プラットフォームで形成された研究コンソーシアムにより提案された研究プロジェクトを優遇するような新たな競争的資金を導入した。これらは有用な取組みであるが、農業分野の研究開発システムが、より広範なイノベーションシステム全体とより統合し、分野横断的な協働に対する障害を除去することは農業におけるオープンイノベーションを促進するだろう。

公的研究機関のガバナンスは改善できる。

OECD加盟国の政府は、優先する分野への資源を配分するためプロジェクトベースの競争的資金の利用を徐々に増加させている。日本も農業分野の研究開発でプロジェクトベースの資金提供を増加させているが、公的な農業研究開発予算において組織に対する資金提供の割合が特に高い。農研機構はその予算の90%程度が農水省からの運営費交付金で占められている。プロジェクトベースの競争的資金を公的な農業研究開発でより活用することは、農業の研究開発に対する多様な農業イノベーションシステムへの参加者の関与を促進するだろう。

日本は公的研究開発について、年間事業計画の作成、関連省庁や第三者委

員会による毎年の評価を含む包括的な計画・評価システムを発展させた。研究開発プロジェクトの進捗評価には厳格な研究管理が必要である一方、毎年行われる評価プロセスは長期的な研究課題を妨げ、他の農業イノベーションシステムの参加者が公的研究機関と共同研究を行うことを妨げている可能性がある。

　公的な農業研究機関は生産者による多様な需要に対応し、より実用的な研究を行うことが、より求められている。農研機構の地域研究センターが、地域の生産者グループとの需要に基づく研究協力を進めている中、国と都道府県の間での農業研究機関に求められる責任の違いは小さくなっている。国と地域の研究機関の間での協力関係を改善し、それぞれの組織の役割を明確化することにより、地域における農業の研究開発努力を統合する余地は残されている。

農業における国際研究協力を増加させることで日本の農業イノベーションシステムは国境を越えた技術の伝播の恩恵を受けられる。

　農業における国際研究協力は、各国が専門性を高め、国際的な伝播による恩恵を受けられることから、日本の農業イノベーションシステム自体を強化することにつながる。国際共同研究は気候変動や分野横断的な課題のような全世界的な課題において特に重要である。しかしながら、農業・食料分野の研究開発の成果における日本の国際的な共著の程度はOECD加盟国平均よりも低い。

官民及び異なるセクター間でより協働的な農業イノベーションシステムを確立するための提言

- 公的な農業研究開発は、中長期的視点を持つ前競争的な分野や、商業生産と結び付いていない分野に集中させる。公的な農業研究開発の計画及び評価システムはより長期的な視点に焦点を当てる。
- 分野横断的なイノベーションを促進するため、農業の研究開発システムと日本のイノベーションシステム全体との統合をさらに進める。例えば、農林水産研究基本計画で定められた政策原則と科学技術基本計画や統合イノベーション戦略との政策的関連性を強化させる。
- 農家その他の関係者が能動的にイノベーションに参加する需要主導的な農業イノベーションシステムを促進する。これには、研究開発活動に需要を反映させ、農業分野への研究開発投資に対する全体的な支出能力を高めるため、生産者団体との共同出資制度を導入することが含まれる。
- 現在一部にとどまっている競争的研究助成金プロジェクトを拡大し、民間や外国研究者及び研究機関との共同研究に対する支出や共同出資を増加させる。このような条件は農研機構のような公的農業研究開発機関への交付金に対しても付加されるべきである。
- 国と各県の農業研究機関の役割を明確にするとともに、地域的な農業の研究開発努力をより広域的な地域へ統合する。
- 公的農業研究開発資金の管理プロセスを簡素化して研究資金メカニズムの効率を高め、民間が公的農業研究開発機関と協力するための取引コストを削減する。

1.6 農家のイノベーションスキルを向上させることは農業分野のイノベーション政策の重要な要素である

農業分野のイノベーションには新たな技術を取り入れるための幅広いスキルが必要である。

　農業食品バリューチェーンにおける急速な技術条件の変化及びよりビジネス志向の法人農家を中心とする農業の構造変化に伴い、日本の農業経営者に求められるスキルや資格は進化している。農業経営者は、自己の経営内や外部の資源を利用しつつ、農業生産にとどまらない統合された経営計画を発展させるため、起業やデジタル技術に関するスキルがより求められている。農業者自身のスキル向上に加え、農外からの知識、経験やスキルを取り入れることが、農業イノベーションのプロセスに対するスキルの供給を増加させる。スキルのある労働力を農業に引きつけるためには、農業が産業として魅力的なものにするほか、イノベーションや起業の機会を促すものである必要がある。異なる教育バックグラウンドを持つスキルのある労働力は農業におけるイノベーションをより豊かにできる。

農業分野の職業教育は必要なスキルに対応しなければならない。

　スキルの供給と需要のミスマッチは農業においてイノベーションを進め、採用する力を制限する。農業教育と訓練をより魅力的で適切なものにすることは、農業に才能のある人材を引きつけ、労働市場における潜在的なミスマッチを解消する上で重要な役割を果たす。特に、農業におけるスキルを持った労働力に対して増加するニーズに対応するためには、再教育と産業界の需要を反映した教育プログラムの定期的な修正が必要である。新しい技術を利用する農業・食品産業において創出される仕事に備えるための生涯教育も必要とされている。しかしながら、日本において農業者教育・訓練に対する生産者を含む農業・食品産業の関与は、他のOECD加盟国よりも活発ではない。日本の農業教育を改善するためには、多数の関係者が参画した、よ

り反復的な共創や共同開発のプロセスが必要である。

現在、都道府県の普及制度の一部となっている農業大学校が、日本における農業職業教育の主な供給者である。しかしながら、農業大学校は、将来農業経営者を目指す意欲ある生徒を必ずしも引きつけられていない。また、農業大学校は、今日の日本の農業で求められる、より多様で専門的なスキルに対応した教育や訓練プログラムへの修正という点でも困難に直面している。

政府は、農業分野に新規参入する若年農業者への支援を拡大させている。政府は若年農業者の就農の前後における所得支持を最大7年間提供している。自立した農家になるために必要なスキルを身に付けるためには、座学やプロ農家でのインターンシップを交えたより体系化された学びの機会や訓練を提供することが、一時的な所得支持よりも重要であろう。

公的普及システムは民間の技術サービス供給者の役割を増加させるよう進化しなければならない。

公的農業普及サービスの提供は、一部国からの財政支援を得て、都道府県が責任を負っている。加えて、地域のJAが組合員に営農指導サービスを提供している。双方のサービスは無料で提供されているが、他のOECD加盟国では公的普及サービスによる個々の農家に対するアドバイスは有料であるケースが増えている。一方で、都道府県の普及員や農協の営農指導員は、昨今の技術及び産業や変化にあわせて自らのスキルや知識を向上させる上で限界に直面している。プロ農家が求める、専門的で個々の経営に適合したアドバイスを行うことのできる他の民間技術助言サービスは日本では畜産部門を除き比較的未発達である。

多くのOECD加盟国は、農業普及システムを、公的及び民間サービスが混在した、より需要主導的で、複層的で中央集権でないサービスに転換するという共通の課題を抱えている。このようなシステムでは、民間の技術助言サービスが商業的農家に専門的な技術サービスを提供する上で中心的な役割を果たし、一方で公的な普及サービスは、持続的な生産方式の推進や条件不利の生産者に対する支援など公益的分野において引き続き重要な役割を果たすことになる。公的普及サービスは、多くの場合、農場段階における規制や政策要件の順守を支えている。

農家のイノベーション能力を向上させるための提言

- 農業・食品産業における人材需要をより反映させるため、農業教育における農業・食品産業との連携を強化する。これにはプロ農家の教育活動や資金提供への参加の拡大が含められる。
- 農業職業教育のカリキュラムを生産技術の習得から、起業やデジタル技術のような将来の農業経営者が必要とするより幅広いスキルの開発に見直すとともに、より体系化された習得の機会を提供し、講義と実務を組み合わせた研修プログラムを開発する。一つの方法は既存の農業大学校を専門職大学に転換することだろう。
- 教育資源をプールし、地域の農業情勢に適合した特色的で専門的な農業教育を構築するため、民間部門との連携を拡大する形で県農業大学校を広域的に統合する。
- 都道府県の普及事業は、持続的な生産方式の促進、条件不利の生産者の支援や、規制の順守や政策プログラムに関する助言等公益的な分野に集中させる。
- 有料サービス化を通じ、農協の営農指導を競争的にすることを含め、民間技術普及サービス事業の発展を促進する。

参考文献

OECD（2015）*Analysing policies to improve agricultural productivity growth, sustainably: Draft framework* [1]
http://dx.doi.org/www.oecd.org/agriculture/policies/innovation

OECD（2015）*Public Goods and Externalities: Agri-environmental Policy Measures in Selected OECD Countries,* OECD Publishing, Paris [2]
https://dx.doi.org/10.1787/9789264239821-en

van Tongeren, F. (2008) "Agricultural Policy Design and Implementation: A Synthesis", *OECD Food, Agriculture and Fisheries Papers,* No. 7, OECD Publishing, Paris [3]
https://dx.doi.org/10.1787/243786286663

Chapter 2
日本の農業・食品部門の現状と課題

本章は日本の農業・食品部門が置かれている全体的な経済、社会、環境面での状況と、農業が依存している自然資源の状況について記述している。この章では、まず日本の地理的、経済的な特徴を概観するとともに、農業・食品部門の主要な構造的特徴を特定している。その後農業・食品部門の生産や市場を概観し、農業の生産性、競争力、持続可能性についての主要な傾向について分析している。これらを踏まえ最後に日本の農業・食品部門が将来直面するであろう多くの課題を提起している。

2.1 一般的な経済環境

日本経済と農業

日本は米国、中国に次ぐ世界第3位の経済規模を持ち、土地面積は比較的小さいため、人口密度は高い（表2.1.）。GDPに占める農業の割合は1.1%、雇用に占める割合は3.4%であり、いずれもOECD平均よりも低く（表2.2.）、このことは農業の労働生産性が他部門よりも低いことを示している。農業における雇用の大半は農業以外からの収入も得る、いわゆる兼業農家に分類される。

食品製造業を含む農業・食品部門はGDPの3.4%、雇用の5.3%を占めている。農村地域においてはサービス業が大半の雇用を生み出しており、中山間地域においても第一次産業の雇用の割合は12%に過ぎない。ただし、北海道では農業・食品部門への経済依存度はGDPの7%、雇用の10%を占め、

食品製造業も製造業雇用の半数近くを創出している。

　農業が経済に占める割合は小さいものの、農業は、土地や水等の天然資源の最大の利用者であり、我が国の土地面積の12%（可住地面積の36%）、総取水量の68%を利用している。山がちで森林が国土の3分の2を占める日本において、農地面積は、耕作放棄や非農業への転用（例えば住居あるいは商業利用）により、過去20年で10%以上減少した。農地面積の内訳をみると、半分程度が稲作に利用される水田であり、残りが小麦や大豆といったコメ以外の生産に利用される畑作地である。

表 2.1. 主要な経済指標、2017 年 *

	GDP (10億米国ドル PPP**)	1人当たりGDP (米国ドルPPP**)	人口 (百万)	総国土面積 (千km2)	総農地面積 (千ha)	1人当たり耕地面積 (ha)	淡水資源 (10億m3)	1人当たり淡水資源 (m3)
	(2017)	(2017)	(2017)	(2015)	(2015)	(2015)	(2014)	(2014)
日本	5 487	43 299	127	365	4 496	0.03	430	3 378
オーストラリア	1 260	50 588	25	7 682	365 913	1.93	492	20 932
中国	23 301	16 807	1 386	9 425	528 635	0.09	2 813	2 062
韓国	1 973	38 350	51	97	1 736	0.03	65	1 278
フランス	2 876	42 858	67	548	28 727	0.28	200	3 016
ドイツ	4 188	50 649	83	349	16 731	0.15	107	1 321
オランダ	904	52 799	17	34	1 837	0.06	11	652
英国	2 861	43 314	66	242	17 138	0.09	145	2 244
EU28	21 086	41 119	512	4 238	184 534	0.21	1 505	2 968
米国	19 391	59 535	326	9 147	405 863	0.47	2 818	8 844
OECD	56 473	43 624	1 295	34 466	1 181 729	0.30	10 499	8 251

注：* 又はデータ入手可能最新年，** PPP：購買力平価．

出典：Eurostat（2017）[1]　［demo_pjan］
　　　http：//ec.europa.eu/eurostat/data/database
　　　FAO（2017）[2]　*FAOSTAT*（database）
　　　http：//www.fao.org/faostat/en/; OECD（2018）[3]

　　　National Accounts（database）
　　　https：//stats.oecd.org/

　　　UN（2018）[4]　*World Population Prospects：The 2017 Revision*
　　　https：//esa.un.org/unpd/wpp/

　　　World Bank（2018）[5]　*World Development Indicators*（database）
　　　http：//data.worldbank.org/indicator

表 2.2. 経済及び自然資源に占める農業の割合、2017 年 *

	粗付加価値	雇用	輸出	輸入	国土面積	総取水量
	(2017)	(2017)	(2016)	(2016)	(2015)	(2014)
	Per cent					
日本	1.1	3.4	0.7	8.8	12.3	67.6
オーストラリア	3.0	2.6	16.7	6.7	47.6	23.7
中国	8.9	27.0	2.5	6.6	56.2	NA
EU28	1.3	4.2	7.3	6.6	43.5	24.6
フランス	1.6	2.6	13.0	9.4	52.5	10.0
ドイツ	0.6	1.3	5.8	8.1	48.0	1.1
韓国	2.2	4.8	1.2	5.9	17.8	60.6
オランダ	1.8	2.0	19.8	14.7	54.5	0.9
米国	1.1	1.6	11.3	5.6	44.4	35.8
OECD	1.5	4.6	8.9	8.1	34.3	42.1

注：* 又はデータ入手可能最新年、1. 総付加価値における農業、狩猟、林業、漁業における付加価値の割合。2. NACE 活動における農業、狩猟、林業、漁業の 15 歳以上の雇用者合計の割合。3. 農業・食品の定義に魚類、水産品は含まれない。4. EU28 の輸出・輸入は EU 外との貿易を指す。5. OECD の輸出・輸入は OECD 内外双方の貿易を含む。6. EU28 の総取水量にオーストリア、ブルガリア、クロアチア及びキプロス、アイルランド、イタリア、マルタ、ポルトガル及びルーマニアは含まれない。7. OECD の総取水量にチリは含まれていない。

出典：Eurostat（2018 [6]）　[nama10_a10], [lfsa_egan2]
http：//ec.europa.eu/eurostat/data/database
OECD（2018 [7]）　*System of National Accounts, Annual Labour Force Statistics*
http：//data.oecd.org/
UN（2018 [8]）　*COMTRADE United Nations Commodity Trade Statistics*（database）
https：//comtrade.un.org/
OECD（2018 [9]）　Agri-environmental indicators（database）
http：//www.oecd.org/tad/sustainableagriculture/agri-environmentalindicators.htm
World Bank（2018 [5]）　*World Development Indicators*（database）
http：//data.worldbank.org/indicator

人口変化

日本において、人口及び労働力の減少は重要な課題であり、これは農業・食品部門にも今後ますます影響を与えると想定される。日本の総人口は 2008 年にピークを迎え、2065 年までに 31% 減少すると予測されており（図 2.1.）、生産年齢人口は 1995 年に減少を始め、今後 40 年で 41% 減少すると見込まれている。日本の出生率（2016 年で 1.44）は OECD 平均（1.73）より低く、OECD 加盟国で最も低い国の一つである（World Bank、2018 [5]）。労働力不足は現実のものとなり、2011 年以降有効求人率は 1 倍を超えて、自

らを労働力不足とする企業の割合は顕著に上昇している（OECD、2017[10]）。

人口の高齢化も特に経済に影響を与える。65 歳以上の人口割合は 2016 年の 27% から、2055 年にはほぼ 40% に達し、OECD 加盟国中最高となると見込まれて、2050 年までに高齢者人口は 15 歳から 64 歳までの生産年齢人口の 73% に達すると予測されている。2007 年に出生した子どもの半数は 107 歳まで生きることが予測されている。農村及び都市地域における高齢者率は OECD 加盟国で最も高い（OECD、2013[11]）。高齢化は特に農村において深刻であり、主に若年人口の都市への流出により、人口減少と高齢化が他の地域に比べてまた早く進行している（OECD、2016[12]）。

図 2.1. 日本の人口構造、1950 〜 2065 年

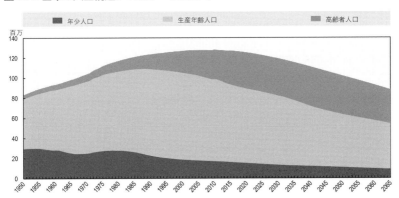

注：年少人口とは 14 歳以下を指し、生産年齢人口とは 15 から 64 歳を指し、高齢人口とは 65 歳以上を指す。

出典：総務省（2017[13]） 2015 人口推計
http：//www.stat.go.jp/english/data/kokusei/index.html
国立社会保障・人口問題研究所（2017[14]）
Population Projections for Japan：2016 to 2065
http：//www.ipss.go.jp/pp-zenkoku/e/zenkoku_e2017/pp_zenkoku2017e.asp

2.2 日本の農業及び食品部門の特徴

生産

農業生産額は1984年にピークを迎えたが、食品及び農産物の輸入の増加と国内の食料品消費の減少を主な理由として2010年まで年平均1.4%の減少を続けていた。しかしながら、2010年から2017年までの間に農業生産額は平均年1.9%増加し、その結果、2017年の生産額は2000年以降最大となるまで回復した。

農業生産構造も変化し、農業生産額に占めるコメの割合は1965年の43%から2015年には17%まで低下した（図2.2.）。

図2.2. 日本の農業生産額の構成、1960〜2017年

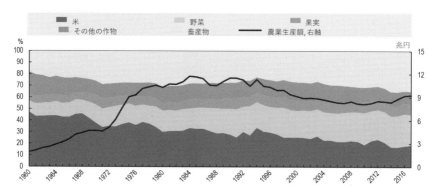

出典：農林水産省（2018）[15]　生産農業所得統計2017（データベース）
http://www.maff.go.jp/j/tokei/kouhyou/nougyou_sansyutu/index.html

消費

2016〜18年において、平均して家計支出の26%が食料品に仕向けられており、そのうち19%が外食での消費となっている（総務省、2019[16]）。農業生産構造の変化と同じく、コメの1人当たり年間消費量は、1962年の118kgから54kgに減少した（図2.3.）。一方で、日本人の食の西洋化により1

人当たりの肉や乳製品の消費量は 1960 年から 2017 年の間でそれぞれ 6.3 倍、4.2 倍増加した。

主に人口の高齢化により、1 人当たりのカロリー供給量は 1996 年に減少し始め、前提条件により結果に多少の違いはあるものの、おおよそ 1995 年から 2050 年の間に 11% 減少するものと予測されている（農林水産政策研究所、2014[17]）。今後も、日本の人口が高齢化し減少する中で、今後国内の食料品需要は減少していくと思われる。

図 2.3. 日本における 1 人当たりの食料供給量、1960 ～ 2017 年

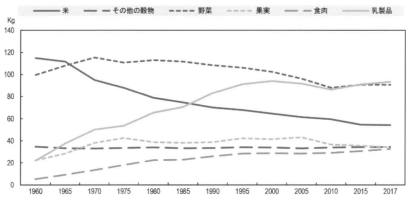

出典：農林水産省（2018[18]）　食料需給表 2017（データベース）
http://www.maff.go.jp/j/zyukyu/fbs/

貿易

日本は、米国、中国、ドイツに次ぎ世界第 4 位の農産物・食品輸入国であり（UN Comtrade、2018[8]）、中国に次ぎ世界第 2 位の農産物・食品純輸入国である（農林水産省、2017[19]）。2015 ～ 17 年の日本の農産物輸入額は農産物輸出額の 13.4 倍であった。

日本は、コメについてはほぼ 100% 近い自給率を維持しているものの、全体として、カロリー供給ベースによる食料自給率は 1960 年の 79% から 2017 年には 38% に低下した。これは、カロリー摂取量の 60% 以上を輸入に依存していることを意味する。中でも、小麦と大豆は主に輸入に依存して

いる状況にある。一方、生産額ベースでは、2017年の日本の食料自給率は65%であり、これは、カロリー当たり比較的高い単価や付加価値を有する野菜、果物及び畜産物の近年の生産の伸びを反映している。

また、日本の農産物・食品輸出は急速に伸びている（図2.4.）。特に、農産物・食品輸出は2011年から2017年にかけてほぼ倍増し、4,970億円に達し、同じ期間に、輸出総額に占める農産物・食品の輸出割合も、前年同期の0.4%から0.6%に増加した。2016年に政府は、2019年までに農産物、水産物、林産物の輸出を1兆円まで増加させるという目標を設定している。

日本の農産品・食品輸出の大部分は、最終消費向けのものである。特にアルコール、緑茶、菓子、ソース、調味料などの加工食品が、日本の農産物輸出の大部分を占め、非加工品では、リンゴと牛肉が最大の輸出産品となっている。同じく輸入については、日本の農産品輸入の約半数は最終消費向けの一次産品及び加工品となっており、残りは、豚肉、トウモロコシ、家禽や家禽製品を含む国内加工用となっている。

現状、米国は日本にとって最大の農産物輸入相手国であり、中国、オーストラリア、タイ、カナダ、ブラジルがそれに続いている（表2.3.）。日本の農産物・食品輸出の大部分はアジア諸国に向けられており、香港と台湾は日本の農産物・食品の最大の輸入国である。

図 2.4. 日本の農産物・食品輸出、2002〜2017年

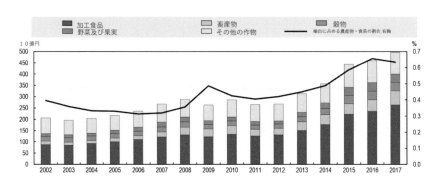

出典：農林水産省（2018[20]）　農林水産物輸出入概況
http://www.maff.go.jp/j/tokei/kouhyou/kokusai/houkoku_gaikyou.html

表 2.3. 日本の主な農産物・食品貿易相手国、2015 〜 17 年

輸入	%	輸出	%
米国	23.5	香港	21.7
中国	11.9	台湾	15.2
オーストラリア	7.0	米国	14.9
タイ	6.8	中国	8.7
カナダ	6.1	韓国	7.4
ブラジル	4.9	シンガポール	4.1
フランス	3.2	タイ	4.1
イタリア	3.0	ベトナム	3.4
韓国	2.5	オーストラリア	2.4
ニュージーランド	2.4	オランダ	1.8
その他	28.7	その他	16.3
EU28	15.4	EU28	7.3

出典：農林水産省（2018[20]） 農林水産物輸出入概況
http：//www.maff.go.jp/j/tokei/kouhyou/kokusai/houkoku_gaikyou.html

　国際貿易のフローを見ると、日本が農業・食品部門において、粗貿易額においても付加価値貿易額においても比較優位を保持していないことが見て取れる。世界の農産物・食品輸出における市場シェアとすべての製品における輸出の市場シェアを比較する比較優位顕示（RCA）指数を用いた場合、日本の粗貿易額による RCA 指数は 2005 年から 2014 年の平均で農産物については 0.04、食品については 0.09 であり、日本は農産物及び食品の輸出において競争的でないことを示している（図 2.5.）[1]。しかしながら、付加価値貿易額により推計された RCA 指数は粗貿易額で推計されたものよりも高く、日本が農産物・食品貿易において比較的、付加価値の高い製品を輸出していることを示している。

図 2.5. 農産物・食品の比較優位顕示（RCA）指数、2005～2014年

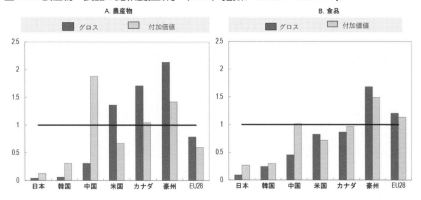

注：付加価値ベースのRCA指数とは、該当国の付加価値輸出に占める特定の産業部門の割合を世界の総付加価値輸出に占める該当産業部門の付加価値輸出額の割合で割ったものとして定義される。

脚注：OECD（2017）[21] Statistics on Trade in Value-Added（database）
https://doi.org/10.1787/tiva-data-en

　グローバルバリューチェーン（GVC）における農産物・食品の貿易の増加は、日本農業にとって、農業生産の付加価値を高める新たなチャンスがあることを示している。GVCへの参加が高くなれば、世界規模での競争生産やプロセスにさらされていることとなり、参加の程度は貿易が持つ競争力とイノベーションを高める役割を明らかにするものである。GVCへの参加度は、輸出品に占める国外由来の投入の程度（後方参加）及びある国の産業による国内の付加価値がどの程度それ以外の国の輸出の一部になっているか（前方参加）により分析できる（Greenville, Kawasaki and Beaujeu, 2017[22]）。

　日本の全体的なGVCへの参加度合いは、他のOECD加盟国、非加盟国の平均に近い（OECD、2017[21]）。農産物については比較的高いGVCへの後方参加に特徴付けられ、消費者が農産物に支払う農産物の付加価値13%が外国由来である（世界平均は8%）。農産物輸出総額が比較的まだ小さいことを反映し、日本の農業のGVCへの前方参加は極めて低く、農業の付加価値のうち輸出に回っているのは2%にとどまっている（世界平均は11%）。

　しかしながら、日本の農業部門における付加価値のうち、国内の農業以外の部門及び国外由来のものは、GVC指数が示すものよりも大きい。例えば、農業における付加価値の31%は国内の他の部門に由来する（世界平均

は26%）ものであり、特に国内の製造業及びサービス業との強い後方接続を示している（表2.4）。特に農業に対する国内製造業による付加価値の割合は特に高い。国内サービス業は農産物市場が厳しい競争にある中で、農産物の差別化、カスタマイズ、品質の向上、製品とサービスのブランド化、消費者とのより長期的な関係の構築など重要な役割を果たしている。

日本の農業と国内バリューチェーンの前方接続の程度は特に高い。全体として農業により付加価値の57%が国内の他の部門の生産に利用されており（世界平均は43%）、日本の農業が特に食品製造業をはじめとする国内産業と強く結びついていることを示している。

表2.4. 農業のバリューチェーンへの接続の程度、2014年

	世界	日本	中国	韓国	米国	オーストラリア	フランス	ドイツ	英国
農業生産における付加価値の割合									
産業別付加価値の割合（％）:									
農業	61	51	78	57	52	55	60	53	45
工業	9	14	9	13	12	8	7	6	9
サービス	17	17	8	10	27	26	14	26	19
外国	13	17	5	21	8	11	19	15	17
国内・外国需要に基づく農業付加価値の行先									
直接・間接（他産業経由）国内及び外国需要の割合, 全農業付加価値,%:									
直接 国内	36	30	26	28	18	11	13	16	31
間接 国内	43	57	57	47	51	39	39	27	37
直接 輸出	10	1	2	2	21	29	24	14	9
間接 輸出	11	11	16	24	10	21	25	43	23

出典：2014 ICIO GTAP データベースに基に著者が作成
（Greenville, Kawasaki and Beaujeu, 2017 [23]）

農業構造

日本は過去数十年間で農業構造は大幅に変化した。農業従事者数は1990年の480万人から2015年には210万人に減少し、過去10年間でその減少のペースは加速している（図2.6.）。同様に、販売農家数も1990年の300万戸から2015年には130万戸に減少している[2]。販売農家のうち主業及び準主業農家の割合はこの間40%から59%に増加している。

図 2.6. 日本における農家と農業従事者数の変化

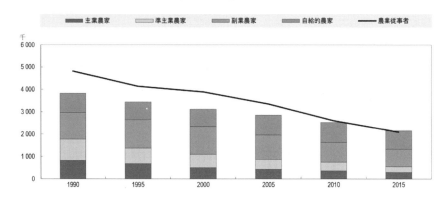

出典：農林水産省（2016）[24]　農林業センサス
http://www.maff.go.jp/j/tokei/census/afc/

　農業従事者の平均年齢は1995年の59.1歳から2015年には66.4歳に上昇した。2015年時点で63%の農業従事者が65歳以上であった。これは多くのOECD加盟国と対照的であり、EUでは65歳以上の農業経営者の割合は32%である。日本では高齢農業者は小規模農家に集中する一方、大規模なプロ農家は比較的若い経営者によって経営される傾向にある。10ヘクタール以上の経営規模の農家では54歳以下の経営者が39%を占めているが、1ヘクタール以下の経営では11%となっている（図2.7.）。

　準主業、副業的農家や自給的農家が農家数の大半を占める一方、農業生産や資源利用は少数の大規模なプロ農家への集中が進んでいる。これらの農家は、農業経営力を強化し、家族外の従業員を雇用するため多くの場合法人形態に転換している。農業法人の数は2005年から2015年の10年間で倍以上に増加した（表2.5.）。

図 2.7. 農家の規模別の農業経営者の年齢分布
農家規模階層ごとの農業経営者の年齢層の割合

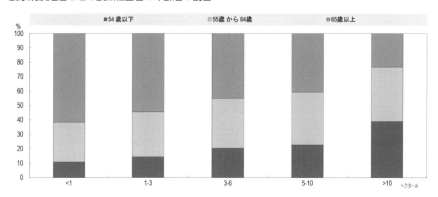

出典：農林水産省（2016）[24]　農林業センサス
http://www.maff.go.jp/j/tokei/census/afc/

表 2.5. 法人経営体数の推移

	2005	2010	2015
農事組合法人	1 663	3 077	5 163
会社	6 016	8 395	12 115
各種団体	643	652	810
その他	378	387	769
合計	8 700	12 511	18 857

注：法人経営体は、農家以外の農業事業体のうち販売目的のものであり、1戸1法人は含まない。会社は「会社法」に基づく株式会社、合名・合資会社、合同会社及び「保険業法」に基づく相互会社をいう。各種団体は農協、農業共済組合や農業関係団体、又は森林組合等の団体をいう。

出典：農林水産省（2016）[24]　農林業センサス
http://www.maff.go.jp/j/tokei/census/afc/

1経営体当たりの平均経営面積は1990年の1.4ヘクタールから2015年には2.2ヘクタールに拡大し、過去10年間でも大規模農家への土地利用の集中が進んでいる。例えば、10ヘクタール以上の経営規模の農家が利用する農地の、全農地面積に占める割合は2005年の34%から2015年には48%にまで上昇した。日本の農業構造は二極化が進み、多数の小規模農家が存在する一方、販売農家のうち上位3%の大規模農家が半数近くの農地面積を耕作する構造になっている。このような農業構造の二極化はOECD諸国

で幅広くみられる。EU においても 50 ヘクタール以上の経営規模を持つ全体の 7％の大規模農家が 2013 年時点で EU 全体の農地利用の 3 分の 2 以上（68%）を占めている（Eurostat、2017[25]）。

また、年間売上げが 3,000 万円を超える 3％の大規模農業農家が 2015 年時点で全生産額の 53％を占めていると推計される。これは 25 万ユーロ以上の標準生産額を持つ 3％の農業経営が 2013 年時点で農業生産額の 55％を占める EU15 か国の農業構造と似通っている。

図 2.8. 規模階層ごとの農業経営の分布
規模階層に属する農家の耕作面積が全耕地面積に占める割合

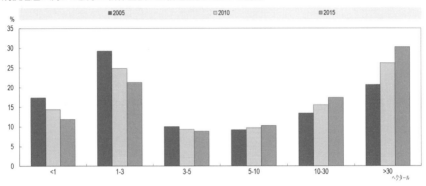

出典：農林水産省（2016[24]） 農林業センサス
http://www.maff.go.jp/j/tokei/census/afc/

図 2.9. 日本及び EU15 か国における農業生産の分布
規模階層に属する農家の生産額が総生産額に占める割合

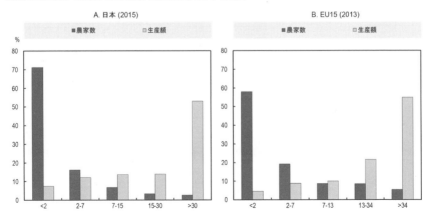

注：生産額規模は日本円で示されている。各規模階層に属する農家の生産額は、農家数にその階層の生産額の中央値を掛けて算出している。原統計において最大規模である5億円以上の規模階層の生産額は、中央値を10億円として計算されている。

出典：農林水産省（2016[24]）　農林業センサス
　　　http://www.maff.go.jp/j/tokei/census/afc/
　　　Eurostat（2017[25]）　*Farm Structure Survey 2013*（database）
　　　https://ec.europa.eu/eurostat/statistics-explained/index.php/Farm_structure_statistics.

農業所得

日本において農家と非農家の間の所得格差はほぼ無視できる水準となっている。2014年の平均データによると、農林漁家の家計所得は全世帯平均の98%であり、その所有する金融資産は全世帯平均よりも平均で29%多い（総務省、2015[25]）。日本の各地域間での所得の格差はOECD加盟国の中でも例外的に低く、2010年現在、日本は1人当たりGDPの地域格差が加盟国中2番目に低い国であった。さらにほとんどのOECD諸国において地域間の所得格差は増大傾向にあるものの、日本における所得の地域格差は逆に減少している（OECD、2016[12]）。

農家と非農家の間での所得均衡は農村地域における就業機会の増加によるところが大きい。2015年のデータでは、農村集落の3分の2が人口集中地区まで車で30分以内の距離に、90%以上が車で1時間以内の距離に居住している（農林水産省、2016[24]）。これはほとんどの農村集落が事実上、一定規模以上の都市への通勤距離内にあることを示している。

準主業農家及び副業的農家の家計所得のうち、補助金を含む農業所得が占める割合は2017年でそれぞれ10%と14%であった（図2.10.）。副業的農家の所得の大半は年金等の収入で占められているのに対し、主業農家はその家計所得の大半が農業所得である。しかしながら、主業農家は補助金への依存度が高く、2017年時点で主業農家の所得の22%を占めている。

図 2.10. 日本における農家所得の構成、2017 年

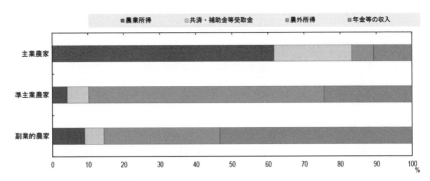

出典：農林水産省（2018 [27]）　経営形態別経営統計（個別経営）
http：//www.maff.go.jp/j/tokei/kouhyou/noukei/einou_syusi/index.html

2.3 日本農業の生産性パフォーマンス

　全生産要素生産性（TFP）とは、ある部門における全生産量と全投入量の比率を示しており、生産性計測の標準的な方法である。米国農務省によれば、2001年から2015年までの日本の農業部門のTFPの成長率は年率2.5%であり、OECD平均を0.8ポイント上回っている（図2.11.）。また、日本の農業の2000年代以降の生産性の成長率は1990年代を上回っている。

　TFPの成長率を、期間を区切って生産量と投入量の増加率に分解することで、生産性の成長の要因を明らかにできる。日本農業の近年のTFPの成長は主に生産量の増加よりも投入量の減少によりもたらされている（図2.12.）。特に労働投入は2001年から2015年まで年平均6.6%減少する一方、生産量の伸びは1990年代より減速し、過去20年間は平均してマイナス成長となっている。

図2.11. 農業の全要素生産性（TFP）上昇率、1991～2000年及び2001～2015年
平均成長率

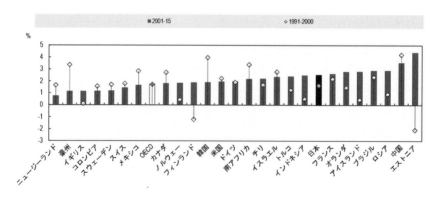

出典：USDA, Economic Research Service（2018[28]）
　　　International Agricultural Productivity（database）
　　　https://www.ers.usda.gov/data-products/international-agricultural-productivity

図 2.12. 日本の全要素生産性（TFP）成長率の分解、1961 〜 2015 年

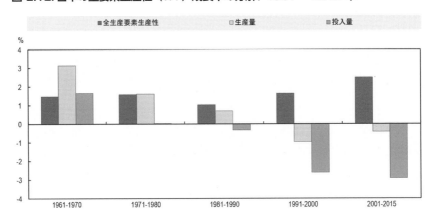

出典：USDA, Economic Research Service（2018 [28]）
International Agricultural Productivity（database）
https：//www.ers.usda.gov/data-products/international-agricultural-productivity

　一方、日本産業生産性（JIP）データベースによれば、農業部門の生産性の伸びは製造業の伸びよりも低いことを示している（経済産業研究所、2015 [29]）。農業と製造業の生産性格差は 1970 年以降拡大しており、1990 年代以降農業の生産性の伸びは製造業よりも継続して低くなっている。製造業の中では、電気機械、輸送用機械、精密機械製造業が特に高い生産性の伸びを達成している。

2.4 日本農業の環境パフォーマンス

　里山に象徴されるように、日本において農業は人の手により維持・管理された自然環境の一部として捉えられることが多い（内閣府 2014）[3]。しかしながら、農業生産は同時に土壌や水質汚染等、自然環境に負荷を与えることもある（OECD、2015）。また、農業は全可住地面積の 36%、全取水量の 68% を占めており、自然環境や天然資源を管理する上で鍵となる部門である。

　農業部門における資源投入量（肥料、農薬、水及びエネルギー消費量）や温室効果ガス排出量は減少したものの、これによって環境パフォーマンスが改善したとは必ずしも言えない。1993〜95 年から 2013〜15 年の間で日本の 1 ヘクタール当たりの窒素バランスは僅か 0.3% しか減少していないのに対し、同時期の比較でもともと日本より低かった EU15 か国では 35%、OECD 全体では 24% 低下している。同様に 1 ヘクタール当たりのリンのバランスについては、OECD 全体では 58.5% 低下したが、日本では 24.5% の減少に留まっている（図 2.13.）。日本は OECD 加盟国中で窒素及びリンのバランスが最も高い国の一つである。

　稲作は、全農地の半数以上、そして農業用取水量の 94% を使用しており、日本の農業環境パフォーマンスにおいて重要な役割を持つ（国土交通省、2018[32]）。加えて、温室効果ガスの一つであるメタンの最大排出部門は稲作によるものであり、2016 年の国内メタン全排出量の 45% が稲作に由来している（環境省、GIO、2018[33]）。その一方で、水田は生物多様性や生物の生息環境の保全といった農産物の生産以外の価値も創出している。特に、稲の生育期間中に水を張り、また収穫前に排水するといった水田の利用方法が、多様な生物の生息地を創出している（Maeda、2001[34]）。また、水田は土壌への浸透を通じ地下水の約 20% を涵養している（三菱総合研究所、2001[35]）。加えて、水田の保水機能は水の進行を遅延させることから洪水の防止に寄与しており、水田の灌漑用水路は地すべりを防止する機能がある（OECD、2015[31]）。

図 2.13.OECD 及び EU15 か国と比較した
日本の農業環境パフォーマンス指標、1993 ～ 95 年及び 2013 ～ 15 年

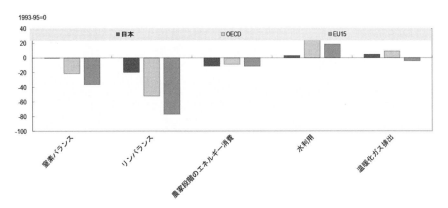

注：すべての指標は単位農地面積当たりにより算出されている。 水使用指標は 2012 ～ 14 年平均に置き換えている。温室効果ガス排出量は LULUCF 排出量を除外している。

出典：OECD（2018[9]） *Agri-environmental indicators*（database）
http：//www.oecd.org/tad/sustainableagriculture/agri-environmentalindicators.htm

栄養バランス

　農業部門から自然界への主な栄養素の投入要因として、肥料と家畜排せつ物由来のたい肥が挙げられる。窒素は作物の成長に必要な主な栄養素であり、投入分の 40 ～ 60% が作物に吸収される。しかし、肥料やたい肥の投入段階及び投入後に、その一部がアンモニアや一酸化窒素となって蒸発する（Mosier et al.、1998[36]；Sebilo et al.、2013[37]）。過剰な窒素投入は、地表水の富栄養化につながり、生物多様性の喪失を引き起こすだけでなく、地下水の汚染によりヒトの健康に被害をもたらす可能性もある。さらに、水田における稲作は、脱窒の過程により土壌中の窒素が喪失され、窒素ガス又は一酸化二窒素を大気中に放出する可能性がある[4]。脱窒の最大の産物である窒素ガスは環境の観点からは中立であるものの、一酸化二窒素は温室効果ガスであり、土壌及び水の酸化をもたらす（Goulding、2016[38]；OECD/Eurostat、2007[39]）。

　2013 ～ 2015 年における日本の窒素バランスは 1 ヘクタール当たり 177.7

kg であり、OECD 諸国のうち 2 番目に高く、OECD 平均より 2.8 倍高い（図 2.14.、Panel A）。家畜由来のたい肥が最大の窒素投入源であり、無機質肥料の使用量より 1.5 倍高い。2015 年現在、無機質肥料の投入量は、1995 年の 1 ヘクタール当たり 104.7kg よりも低下しているものの、未だ OECD 平均よりも高いものとなっている（日本：89.1kg、OECD 平均 60.8kg）（OECD、2018[9]）。高い水準の肥料の投入及び家畜の生産に加え、牧草地面積の割合が低いことが集約的な栄養素の投入に寄与していると考えられる（Shindo、2012[40]）。

環境省の調査（2018[41]）によると、地下水汚染の半数以上は農業由来による窒素過剰が原因であった。一方で、農業地域における観測地点において、推奨される飲料水の水質基準を超えた割合は低い（図 2.15.）。地表水については、3,156 河川地点中、窒素過剰による汚染が発見されたのは 2 地点のみであり、湖及び海で窒素による汚染は見つからなかった（環境省、2018[42]）。なお、脱窒により水田から窒素が地下水に浸出することは少ない（OECD/Eurostat、2007[39]）。一方で、一酸化二窒素の最大排出源は農業であった。具体的には、農地土壌及び家畜ふん尿の管理に伴う一酸化二窒素排出量がそれぞれ 2016 年における排出総量の 26％、19％ を占めている（環境省、GIO、2018[33]）。

農作物にとって重要なもう一つの栄養素であるリンは、窒素とは異なり自然界で希少な物質であり、鉱物資源から得られる。リンが作物に摂取される割合は 10％ 〜 15％ とされる（Roberts and Johnston、2015[43]）。水中への過剰なリンの流出は、シアノバクテリアによって生成される有毒物質を増加させるだけでなく、藻類の生成を引き起こすため水中の酸素を制限し、生物多様性の喪失につながる（Chorus and Bartram、1999[44]；Hitzfeld, Hoger and Dietrich、2000[45]）。過去におけるリンの施肥やリンの土壌中の蓄積を背景に OECD 加盟国の多くでは、リン施用率が低下している（OECD、2013[46]）。

一方で、2013 〜 15 年における日本のリンのバランスは 1 ヘクタール当たり 59.9kg であり、OECD 加盟国中で最も高く、OECD 平均の 11.7 倍となっている（図 2.14.、Panel B）。無機質肥料はリン投入量の 48％ を占めており、2015 年の 1 ヘクタール当たりの無機リン肥料の投入量は OECD 平均を大幅

に上回っている（日本：36.2kg、OECD 平均：6.9kg）。日本の土壌は黒ボク土であり、アルミニウムと鉄によってリンが強く地中に固定されるため（すなわち、リン含有量は低水準）、より多くのリンの投入を必要とする特性がある（FAO、2015[47]）。

農地からのリンの流出量は、多くの場合2％未満と推定されている。これは主に、リンが土壌に容易に吸着されることからほとんど流出しないためである（Mishima et al.、2003[48]）。しかしながら、土壌に蓄積されたリンが一定の水準に達すると、リンの流出が増加する（Heckrath et al.、1995[49]）。日本の場合、蓄積されたリンは、梅雨や台風時の水田からの漲溢や畑地からの流出により富栄養化のリスクを高めている（Mishima et al.、2003[48]）。

図2.14. OECD加盟国における窒素及びリンの収支、1993〜95年、2003〜05年及び2013〜15年

農地面積の1ヘクタール当たりの窒素又はリン（kg）の収支（超過又は不足）

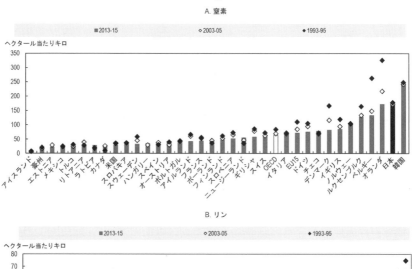

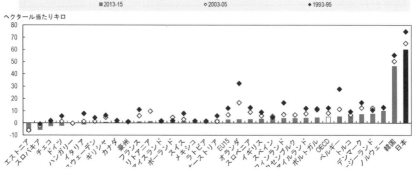

注:2013 年から 2015 年の窒素又はリンの平均収支の高い順に国が表示されている。
チリとイスラエルは該当データがないため図から除外されている。
2. 1993 〜 95 年窒素平均について、ポルトガル及び英国は 1995 年データを使用、エストニア、ハンガリー、リトアニア、及びルクセンブルクは該当データが存在しない。
3. 1993 〜 95 年リン平均について、ポルトガル及び英国は 1995 年データを使用、エストニア及びハンガリーは該当データがない。
4. エストニアの窒素及びリンの平均は 2004 〜 05 年の平均である。
5. スイスの農地面積は夏季の放牧地を含む。

出典:OECD(2018[9]) *Agri-environmental indicators*(database)
http://www.oecd.org/tad/sustainableagriculture/agri-environmentalindicators.htm

図 2.15. OECD 加盟国中地下水における硝酸塩による推奨飲料水水質基準を超えた農業地域、2000 〜 2010 年

硝酸塩の基準を超過した農業地域における観測地点の割合

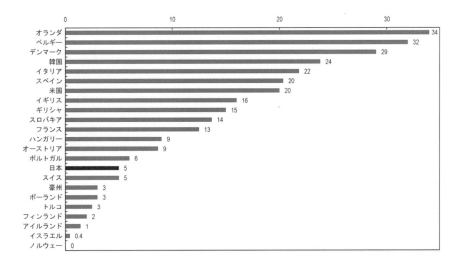

注:日本、韓国、トルコ、米国は 2000 年、ギリシャは 2001 年、オーストラリア、フィンランド、ハンガリー、ノルウェーは 2002 年、デンマーク、イタリア、スペインは 2003 年、ベルギー(フランダース地方)、ポルトガル、スロバキア共和国は 2005 年、フランスとポーランドは 2008 年、スイスは 2009 年、オーストリア、アイルランド、イスラエル、オランダ、イギリスは 2010 年のデータを使用している。

出典:Adapted from OECD(2013[46])
OECD Compendium of Agri-environmental Indicators
http://dx.doi.org/10.1787/9789264181151-en

農薬

　日本の化学農薬の年間販売量は、1994～96年から2014～16年の間で38%減少した。2014～16年における農薬の販売量の42%が殺菌剤で、次に殺虫剤 (33%) と除草剤 (24%) が続いている (OECD、2018[9])。また、化学農薬の1ヘクタール当たり販売量も1994～96年の17kgから2014～16年の11.8kgに減少したものの、2011～15年の水準はOECD加盟国中第2位であった (図2.16.)。日本において、農薬が集約的に使用される要因の一つとして、日本の地形と湿気を含む温暖な気候により、虫やカビの発生が多いことが挙げられる。

　水田は、日本において農薬による非点源の水質汚染源として最も重要なものの一つである。水田は流域の水の循環と密接に関連しているため、水田から周囲水域へ放出される農薬は水生環境にとって致命的なものとなる可能性がある。また、農薬の広範な使用が、土壌内に生息する有益な微生物やその他生物種に悪影響を及ぼす可能性も指摘されている (Hussain et al.、2009[50]; Parsons, Mineau and Renfrew、2010[51])。

　食品中の残留農薬は、最大残留基準値 (MRL) を超えると、健康への深刻な悪影響をもたらす可能性がある。世界的には、農薬の毒性暴露により年間平均20万人の死亡が報告されている (UN、2017[52])。一方、日本の場合、2015年度に国内で生産された農産物・食品のうち最大残留基準値を超えた割合は0.003%に過ぎなかった (厚生労働省、2015[53])。また、2015年度及び2016年度に行われた調査では、調査対象の農家すべてが規制に従い農薬を取り扱っていた (農林水産省、2018[54])。

図 2.16. OECD 加盟国における農地面積当たり農薬販売量、2011 ～ 15 年

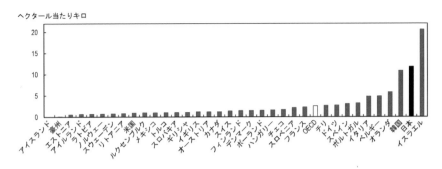

注：ニュージーランドは該当データがないため含まれていない。ノルウェーの 2011 ～ 13 年、チリの 2013 ～ 15 年、イスラエルの 2014 年 並びに 2015 年及びスイスの 2015 年のデータは 該当データがない。

出典：OECD（2018 [9]）　*Agri-environmental indicators*（database）
　　　http：//stats.oecd.org/

水資源

　日本はモンスーンアジアの最東端に位置する世界で最も降雨量が多い地域の一つである。平均年降水量は 1,668mm に達し、OECD 平均の 1.8 倍に相当する。しかし、1 人当たりの水資源年利用可能量は 3,397m^3 であり、これは OECD 平均の 8 分の 1 未満である（図 2.17.）。加えて、日本は山岳地形であるため、季節や地域によって降水量は異なる。

　日本では急峻な地形であることから、水資源を保全しながら、洪水、地滑り、干ばつなどの水に関連する災害を防止するための優れた水管理が必要となる。水田は雨水の貯水及び洪水の発生を減少させるのに効果的である（Sujono、2010 [55]；OECD、2015 [31]）。水田は水を貯蔵することにより、ピーク時の河川の流量を下げるとともに地下水のかん養量を増加させる。そして、河川や地下水に流れていく水の大半は下流において農業やその他の用途で再利用される（Matsuno et al.、2006 [56]；国土交通省、2018 [32]）。水田の持つこのような特性により、水田の減少は水管理の観点から懸念材料とされている。

　2015 年、日本全国の取水量の 68% が農業に使用され、その 94% が水田灌漑に向けられた（国土交通省、2018 [32]）。また、地表水の取水が農業にお

ける水利用の 95% を占めており、農業部門の地下水の依存度は 2013 年で OECD 加盟国中 2 番目に低いものであった (OECD、2018[9])。全体として農業由来の水の利用量は 2005 年以降安定しているが、これは主に水田の減少とその他の目的による水使用量の増加の相殺によるものである (内閣官房、2018[57])。

図 2.17. OECD 諸国における年間降水量及び 1 人当たり水資源賦存量、2014 年

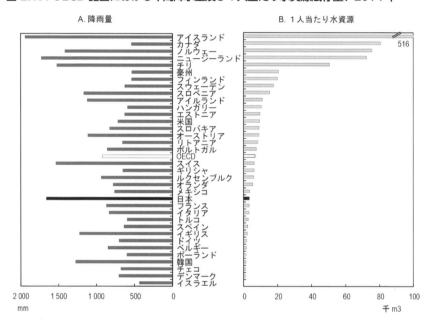

注：1 人当たりの水資源賦存量順に基づき国が表示されている。

出典：FAO（2018[58]） *AQUASTAT*（database）
http://www.fao.org/nr/water/aquastat/main/index.stm

エネルギーと温室効果ガス

　経済全体に占める農業の割合の低さを反映し、2016年の日本の最終エネルギー消費量における農業部門のエネルギー消費量の割合は1.2%であった（図2.18.）。しかし、農業のエネルギー消費量は3.4百万トン（石油換算）であり、これはOECD平均の約2倍に相当する（OECD、2018[9]）。

　日本は再生可能エネルギーの生産を拡大するために2012年に再生可能エネルギーの固定価格買取制度を導入した。本制度では、電力会社は再生可能エネルギーにより発電された電力を政府が設定した固定価格で一定期間買い取ることを求めている。再生可能エネルギーによる電力買取費用は、消費電力に比例した賦課金として消費者に移転される。主に本制度により、一次エネルギー供給全体に占める再生可能エネルギーの割合は、1990年から2017年の間に2.1%から5.5%に増加した（OECD、2018[59]）。また再生可能エネルギーの固定価格買取制度は、農業用ダムや水路、並びに農地の上に建設された太陽光発電パネルを利用した農業部門による再生可能エネルギーの生産を加速化させた（農林水産省、2018[60]）。

　バイオエタノールの生産量は、2000年の52トンから2018年には39トンに減少した。バイオディーゼル生産量は、2008年の6トンから2018年には11トンに増加したものの、生産量は僅かである。日本では、バイオマス資源に由来する再生可能エネルギーは主に廃棄物がベースである[5]。作物の非食用部分や間伐材や木くずなどの農業廃棄物の使用は、輸送費用や燃料への変換のコストが高いため限定的となっている。また、作物によるバイオ燃料生産は食料生産との競合や高い生産コストにより、広く実用段階には達していない。

図 2.18. OECD 加盟国における全部門及び農業部門のエネルギー使用量、2016 年

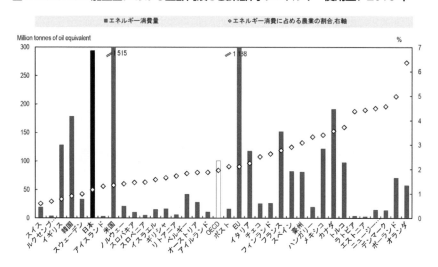

注：チリとドイツは該当データがないため含まれていない。

出典：OECD（2018 [9]）　*Agri-environmental indicators*（database）
http://stats.oecd.org/

　2016 年の日本の温室効果ガス総排出量は、ピーク時の 2013 年の水準を 7.3% 下回る 130 万トン（二酸化炭素相当量）であった。温室効果ガス排出量の減少は、主に再生可能エネルギー利用及び 2011 年の東日本大震災後の原子力発電所の再稼働によるエネルギー部門の排出量の減少によるものである（環境省、2018 [61]）。しかしながら、温室効果ガス排出量は 1990 年の水準よりもまだ 3% 高いものとなっている。

　世界的に見ると、農業は温室効果ガス排出の最大の起因部門の一つであり、世界の温室効果ガス全排出量の約 20% を占めている（FAO、2018 [62]）。一方、2015 年の日本の農業部門の温室効果ガス排出量は、国内全温室効果ガス排出量の 2.6% に過ぎず、OECD 加盟国中最も低い（図 2.19.）。日本の農業部門からの温室効果ガス排出量は 1990 年から 2016 年の間に 10.9% 減少した。日本の農業による温室効果ガス排出は主に稲作からのメタン排出（42%）、家畜の消化管内発酵に伴うメタン排出（22%）、そして施肥による一酸化二窒素排出（16%）である（環境省、GIO、2018 [33]）。農業からのメタン排出量

は、日本の全メタン排出量の76.9%を占めている。稲作による温室効果ガス排出量は、2003～05年から2013～15年の間に4.2%増加した（OECD、2018[9]）。稲作によるメタン排出量の増加傾向は、農業部門の温室効果ガスを削減するに当たり、水田からのメタン排出を抑制する政策が特に効果的であることを示唆している。

図 2.19. OECD加盟国における農業部門の温室効果ガス排出量の割合、2015年

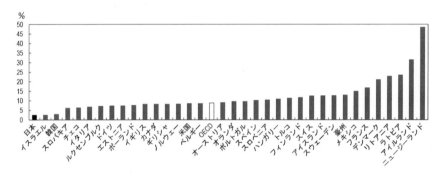

注：チリは該当データがないため含まれていない。

出典：OECD（2018[9]） *Agri-environmental indicators*（database）
http://www.oecd.org/tad/sustainableagriculture/agri-environmentalindicators.htm

気候変動

日本の年間平均気温は100年で1.19℃の割合で上昇した。これは、世界平均上昇率の0.85℃を上回っている（IPCC、2013[63]）。日本では1990年頃から異常な高温現象が増加していると同時に、最低気温が0℃未満の日数は減少している。また、日本近海の年平均海面水温は100年で1.11℃上昇し、これも世界平均上昇率の0.54℃を上回っている。日本の平均気温は、20世紀後半（1980～1999）から21世紀末（2076～2095）までに4.5℃上昇するとともに、異常気象がより頻繁に発生するものと予測されている（気象庁、2018[64]）。

農業生産性に対する気候変動の影響は、白未熟粒、胴割粒、及び一等米比率の低下の発生などコメの品質への影響において明白であり、コメの品質は登熟期間中の気温が上昇するために今後全国的に低下すると予測されている

（農林水産省、2018[65]）。また、気候変動に関する政府間パネル（IPCC）（2014[66]）は、西日本におけるコメの収量低下を想定するが、国全体のコメ収量は21世紀半ばまで増加するとも予想されている（日本国政府、2018[67]；農林水産省、2018[65]）。より気候変動の影響を受けやすい多年生作物も同様に、品質の低下及び病気や害虫の種類の変化などにより、気象パターンの変化の影響を受ける（農林水産省、2018[65]；IPCC、2014[66]）。しかしながら、最終的な農業生産全体への影響は不確定なままである。気温が上昇することにより、一部農産物の主要生産地域では経済的損失を被る可能性があるが、日本北部では現在の主要農業産地と同様の気温となるため、農業生産を増大できる可能性がある。

日本は水害の影響を比較的受けやすい国であるが、今後強い台風が日本に到達する頻度は高まると予測されている（農林水産省、2018[65]）。また台風に加え、IPCC（2014[66]）は、頻繁な長期熱波の発生が豪雨及び干ばつを増加させると警告している。気象庁（2018[68]）は、昨今の大雨と熱波の一因は気候変動であると推定している。自然災害と頻繁な異常気象の発生は、将来の農業生産にとって主要なリスクである。

2.5 要旨

　日本の農業は近年まで長い期間縮小傾向にあった。1990年から農業生産額は25％以上減少し、販売農家と農業従事者の数は半数以下に減少した。農業・食品部門は、きわめて競争力の高い製造業に追いつき、国際市場での競争への参加を増やすために生産性向上への圧力を受け続けてきた。日本の農業のTFP上昇率はOECD平均よりも高いものの、製造業の生産性の伸びと比べて低いままであった。

　日本の生産年齢人口は1995年に減少を始め、今後40年間でさらに41％減少することが予測されている。生産年齢人口の減少と、人口の高齢化は日本の農業に対して生産、消費の両面から重要な意味を持っている。農業分野における労働力の不足は既に多くの農業経営の厳しい障害となる一方、人口の減少と高齢化は国内の食品市場の規模を中長期的に縮小させるだろう。農業・食品部門の将来的な成長は、国内及び海外市場に対して高付加価値の製品を生産できるかどうかにかかっている。

　日本は中国に次いで世界第2位の農産物・食品の純輸入国である。食料の自給率を維持するための政策努力にもかかわらず、カロリー摂取量の60％以上は輸入に依存している。貿易のフローからみて、日本は農産物及び食品に対して比較優位を持っていないことを示している。しかし、東アジアの急速な経済成長は、日本の農産物・食品の需要を増加させている。実際、2012年から2018年の間に農産物の輸出は倍増しており、将来の新たな市場機会を開いている。

　より収益性が高い部門あるいは生産性の高い大規模農家への生産資源の集積がこれまでの日本農業の生産性上昇の主因であった。農業生産額に占めるコメの割合は1965年の43％から2015年の17％に減少する一方、畜産物及び野菜の割合はそれぞれ1965年の23％、12％から2015年には35％、27％に上昇した。日本人の食の西洋化によりコメの1人当たり消費量はピーク時の半分以下に減少し、食肉や乳製品の消費を増加させた。

　過去20年で日本の農業の構造調整は加速化した。その結果、農業生産は少数の大規模なプロ農家とそれ以外の多数の小規模農家に二極化した。現在、3,000万円以上の売上げのある上位3％の大規模農家が農業生産額の過半を占

めている。このような日本の農業構造は今やEU15か国と近似するまでになっている。将来の農業のパフォーマンスは大規模農家への土地の集約よりも、農家レベルでどれだけ生産性や持続可能性を高められるかにより依存している。

日本においては農家と非農家の間の所得不均衡の問題は農村地域における就業機会の増加とともに徐々に解消した。一方で、大規模農家は農業所得に依存しており、より農業生産や市場に関連した収入リスクに対しより脆弱になっている。このような経営は法人化し、常用の雇用者がおり、農業生産が全体の経営から分離していることが多い。2005年から2015年の間で法人農家数は倍増している。

日本の農業構造の進展及びより統合されたバリューチェーンという世界的な流れの中政府は経済的に不利な状況にある小規模農家を支える必要があるという暗黙の政策前提を変える必要がある。より起業的な農家がイノベーション、起業、持続的な資源利用を行えるような政策環境を構築することがより重要になっている。

経済に占める農業の割合は低下しているものの、農業は日本の全可住地面積の36%、全取水量の68%を占めており、自然環境・天然資源への影響を抑制することは重要である。また、日本の農業構造の進化により、生産者は環境パフォーマンスに対してさらに責任を持つことが要求されている。

日本農業の環境パフォーマンスには大いに改善の余地がある。日本は、OECD加盟国の中で最も栄養バランスの高い国であり、土壌、水、大気に対する潜在的に高い環境負荷リスクを示している。多くのOECD加盟国が農業の栄養バランスの過剰分を減らす中、日本の取組みの進展は遥かに遅い。例えば、1993～95年から2013～15年の間で日本の窒素バランスは僅か0.3%しか減少していないのに対し、元来日本より低かったEU 15か国では35%、OECD全体では24%低下している。日本農業の将来の成長は、もはや投入財や天然資源の集約的使用に依存することは不可能である。

気候変動による農業への影響は既に明白になっている。日本では1990年頃から極端な高温日が増加する一方、最低気温が0℃を下回る日が減少している。より頻繁に発生する異常気象と自然災害の組み合わせは、将来の農業生産にとって主要なリスクとなる。日本農業の持続可能な生産を確保する上で、気候変動に対する対策を強化することは重要である。

注

1 一般的に、1を超えるRCA指数は比較優位を示しており、当該国が当該部門の輸出に特化していることを示している。これは当該セクターが経済全体の中で他の部門と比べて競争的であることを意味している。一方で1より低いRCA指数は当該国は当該セクターに特化しておらず比較優位がないことを示している。

2 日本の農業統計における農家とは、0.1ヘクタール以上の土地を耕作し、年間15万円以上の農作物の販売収入がある家計である。農家は販売農家と自給農家に区分されている。農業従事者とは15歳以上の農家の構成員で主に農業に従事している者と定義されている。販売農家とは0.3ヘクタール以上の土地を耕作し、年間50万円以上の農産物からの販売収入がある農家とされており、この販売農家は非農業雇用の程度によって以下のように分類されている。1) 主業農家：農業収入が世帯収入の過半を占め、65歳以下の少なくとも1人の家族が年間60日以上農業に従事している農家、2) 準主業農家：農業収入が世帯収入の半分以下であり、65歳以下の少なくとも1人の家族が年間60日以上農業に従事している農家、3) 副業農家：どの家族も年間60日以上農業に従事しないか65歳以下の家族労働者がいない農家

3 里山とは里と山の間に位置しており、人の手による土地の管理の結果何百年にもわたって豊かな生物多様性が育まれてきた。環境省は土地の保全を目的として、500の里山を生物多様性上重要な地点として選択しているが、これにより土地利用や農法が法的に制限されるわけではない。

4 土壌中の従属栄養細菌を通じた硝酸塩又は亜硝酸塩が減少し、その結果窒素又は一酸化二窒素が大気中に漏出する。脱窒は嫌気性土壌では一般的であり、土壌の温度が高まることにより促進される。脱窒は湛水灌漑や大雨の間やその後に発生する。脱窒過程は、土壌中の細菌に酸素を供給するためには重要であるが、同時に一酸化二窒素の排出をもたらし得る。

5 政府は、各電源ごとに固定価格買取価格を設定しており、間伐材や廃材に由来し液化バイオマスを燃焼させるバイオマス施設には、1キロワット時当たり32円（2,000キロワット以上）、農業廃棄物（メタン発酵）由来に対しては、1キロワット時当たり39円に設定されている。

参考文献

内閣官房（2018） 平成30年版水循環白書 [57]
https：//www.cas.go.jp/jp/seisaku/mizu_junkan/materials/materials/white_paper.html

内閣府（2014） 農山漁村に関する世論調査 [30]
https：//survey.gov-online.go.jp/h26/h26-nousan/index.html

Eurostat（2018） *[nama10_a10], [lfsa_egan2]* [6]
http://ec.europa.eu/eurostat/data/database

Eurostat（2017） *[demo_pjan]* [1]
http://ec.europa.eu/eurostat/data/database

Eurostat（2017） *Farm structure survey 2013* [25]
https：//ec.europa.eu/eurostat/statistics-explained/index.php/Farm_structure_statistics
(accessed on 30 July 2018)

FAO（2019） *FAOSTAT Gross production value* [70]
http：//www.fao.org/faostat/en/#data/QV
(accessed on 13 March 2019)

FAO（2019） *FAOSTAT Livestock volume,* [71]
http：//www.fao.org/faostat/en/#data/EK
(accessed on 13 March 2019)

FAO（2018） *AQUASTAT* [58]
http：//www.fao.org/nr/water/aquastat/main/index.stm

FAO（2018） *The future of food and agriculture – Alternative pathways to 2050* [62]
http：//www.fao.org/publications/fofa

FAO（2017） *FAOSTAT, Food and Agriculture Organization of the United Nations* [2]
http：//www.fao.org/faostat/en/
(accessed on 27 July 2018)

FAO（2015） *World Reference Base for Soil Resources 2014,* [47]
update 2015 International soil classification system for naming soils
and creating legends for soil maps. World Soil Resources Reports No. 106
http：//www.fao.org/3/i3794en/I3794en.pdf

Goulding, K.（2016） "Soil acidification and the importance of liming agricultural soils with [38]
particular reference to the United Kingdom", *Soil Use and Management,* Vol. 32/3, pp. 390-399
https：//doi.org/10.1111/sum.12270

日本政府（2018） 気候変動適応計画 [67]
http：//www.env.go.jp/earth/tekiou/tekioukeikaku.pdf

Greenville, J., K. Kawasaki and R. Beaujeu（2017） "A method for estimating global trade in [23]
value added within agriculture and food value chains", *OECD Food, Agriculture and Fisheries*
Papers, No. 99, OECD Publishing, Paris
https：//dx.doi.org/10.1787/f3a84910-en

Greenville, J., K. Kawasaki and R. Beaujeu（2017） "How policies shape global food and [22]
agriculture value chains", *OECD Food, Agriculture and Fisheries Papers,* No. 100
OECD Publishing, Paris
http：//dx.doi.org/10.1787/aaf0763a-en

Heckrath, G. et al.（1995） "Phosphorus Leaching from Soils Containing Different Phosphorus [49]
Concentrations in the Broadbalk Experiment", *Journal of Environment Quality,* Vol. 24/5, p. 904
http：//dx.doi.org/10.2134/jeq1995.00472425002400050018x

Hitzfeld, B., S. Hoger and D. Dietrich (2000) "Cyanobacterial Toxins: Removal during Drinking Water Treatment, and Human Risk Assessment", *Environmental Health Perspectives*, Vol. 108, p. 113
http://dx.doi.org/10.2307/3454636 [45]

Hussain, S. et al. (2009) "Chapter 5 Impact of Pesticides on Soil Microbial Diversity, Enzymes, and Biochemical Reactions", in *Advances in Agronomy*, Elsevier
http://dx.doi.org/10.1016/s0065-2113 (09) 01005-0 [50]

IPCC (2014) *Climate change 2014 Impacts, Adaptation and Vulnerability Part B: Regional Aspect*, Cambridge University Press
https://www.ipcc.ch/site/assets/uploads/2018/02/WGIIAR5-Chap21_FINAL.pdf [66]

IPCC (2013) *Climate Change 2013: The Physical Science Basis. Contribution of Working Group I to the Fifth Assessment Report of the Intergovernmental Panel on Climate Change*, Cambridge University Press
https://www.ipcc.ch/site/assets/uploads/2017/09/WG1AR5_Frontmatter_FINAL.pdf [63]

IPSS (2017) *Population Projections for Japan: 2016 to 2065*
http://www.ipss.go.jp/site-ad/index_english/population-e.html [14]

気象庁（2018）「平成30年7月豪雨」及び7月中旬以降の記録的な高温の特徴と要因について
https://www.data.jma.go.jp/gmd/cpd/longfcst/extreme_japan/monitor/japan20180810.pdf [68]

気象庁（2018）　気候変動監視レポート 2017
https://www.data.jma.go.jp/cpdinfo/monitor/2017/pdf/ccmr2017_all.pdf [64]

Maeda, T. (2001) "Patterns of bird abundance and habitat use in rice fields of the Kanto Plain, central Japan", *Ecological Research*, Vol. 16/3, pp. 569-585
http://dx.doi.org/10.1046/j.1440-1703.2001.00418.x [34]

農林水産省（2018）　平成29年度食料・農業・農村白書
http://www.maff.go.jp/j/wpaper/w_maff/h29/ [60]

農林水産省（2018）　食料需給表 2017
https://www.e-stat.go.jp/
（アクセス日：2018年7月30日） [18]

農林水産省（2018）　農林水産省気候変動適応計画
http://www.maff.go.jp/j/kanbo/kankyo/seisaku/attach/pdf/tekioukeikaku-10.pdf [65]

農林水産省（2018）　農林水産物輸出入概況
http://www.maff.go.jp/j/tokei/kouhyou/kokusai/houkoku_gaikyou.html
（アクセス日：2018年7月30日） [20]

農林水産省（2018）　国内産農産物における農薬の使用状況及び残留状況調査の結果の概要
http://www.maff.go.jp/j/press/syouan/nouyaku/attach/pdf/180328-2.pdf [54]

農林水産省（2018）　生産農業所得統計 2017
http://www.maff.go.jp/j/tokei/kouhyou/nougyou_sansyutu/index.html
（アクセス日：2019年2月28日） [15]

農林水産省（2018）　経営形態別経営統計（個別経営）
http://www.maff.go.jp/j/tokei/kouhyou/noukei/einou_syusi/index.html [27]

農林水産省（2017）　海外食料需給レポート 2016,
http://www.maff.go.jp/j/zyukyu/jki/j_rep/annual/2016/attach/pdf/2016_annual_report-48.pdf
（アクセス日：2018年8月24日） [19]

農林水産省（2016）　農林業センサス
http://www.maff.go.jp/j/tokei/census/afc/
（アクセス日：2018年7月30日） [24]

Matsuno, Y. et al.（2006） "Prospects for multifunctionality of paddy rice cultivation in Japan and other countries in monsoon Asia", *Paddy and Water Environment*, Vol. 4/4, pp. 189-197
http://dx.doi.org/10.1007/s10333-006-0048-4 [56]

厚生労働省（2015） 平成 27 年度 食品中の残留農薬等検査結果 [53]
https://www.mhlw.go.jp/file/06-Seisakujouhou-11130500-Shokuhinanzenbu/0000194453.pdf [53]

総務省（2019） 家計調査 [16]
https://www.stat.go.jp/english/data/kakei/index.html

総務省（2017） 平成 27 年国勢調査 [13]
http://www.stat.go.jp/english/data/kokusei/2015/pdf/schedule.pdf

総務省（2015） 全国消費実態調査 [26]
https://www.e-stat.go.jp/

Mishima, S. et al.（2003） "Trends of phosphate fertilizer demand and phosphate balance in farmland soils in Japan", *Soil Science and Plant Nutrition*, Vol. 49/1, pp. 39-45 [48]
http://dx.doi.org/10.1080/00380768.2003.10409977

三菱総合研究所（2001） 地球環境・人間生活にかかわる農業及び森林の多面的な機能の評価に関する調査研究報告書 [35]

国土交通省（2018） 平成 30 年版 日本の水資源の現況 [32]
http://www.mlit.go.jp/mizukokudo/mizsei/mizukokudo_mizsei_fr2_000020.html

環境省（2018） 2017 年度（平成 29 年度）の温室効果ガス排出量（速報値）について [61]
https://www.env.go.jp/press/files/jp/110354.pdf

環境省（2018） 平成 29 年度 地下水質測定結果 [41]
http://www.env.go.jp/water/report/h30-03/h30-03_full.pdf

環境省（2018） 平成 29 年度公共用水域水質測定結果 [42]
http://www.env.go.jp/water/suiiki/h29/h29-1.pdf

環境省 温室効果ガスインベントリオフィス（GIO）（2018） 日本国温室効果ガスインベントリ報告書 [33]
http://www-gio.nies.go.jp/aboutghg/nir/2018/NIR-JPN-2018-v4.1_web.pdf

Mosier, A. et al.（1998） *Nutrient Cycling in Agroecosystems*, Vol. 52/2/3, pp. 225-248 [36]
http://dx.doi.org/10.1023/a：1009740530221

OECD（2018） *Agri-environmental indicators* [9]
http://www.oecd.org/greengrowth/sustainable-agriculture/agri-environmentalindicators.htm

OECD（2018） *National Accounts*
http://stats.oecd.org/ [3]

OECD（2018） *Renewables Information 2018*, OECD Publishing, Paris [59]
https://dx.doi.org/10.1787/renew-2018-en

OECD（2018） *System of National Accounts, Annual Labour Force Statistics* [7]
http://data.oecd.org/

OECD（2017） *OECD Economic Surveys：Japan 2017*, OECD Publishing, Paris [10]
http://dx.doi.org/10.1787/eco_surveys-jpn-2017-en

OECD（2017） *OECD-WTO：Statistics on Trade in Value Added* [21]
https://doi.org/10.1787/tiva-data-en

OECD（2016） *OECD Territorial Reviews：Japan 2016*, OECD Territorial Reviews, OECD Publishing, Paris [12]
http://dx.doi.org/10.1787/9789264250543-en

OECD (2015) *Public Goods and Externalities: Agri-environmental Policy Measures in Selected OECD Countries*, OECD Publishing, Paris [31]
https://dx.doi.org/10.1787/9789264239821-en

OECD (2013) *How's Life? 2013: Measuring Well-being*, OECD Publishing, Paris [11]
https://dx.doi.org/10.1787/9789264201392-en

OECD (2013) *OECD Compendium of Agri-environmental Indicators* [46]
http://dx.doi.org/10.1787/9789264181151-en

OECD/Eurostat (2007) *Gross nitrogen balances handbook* [39]
http://www.oecd.org/greengrowth/sustainable-agriculture/40820234.pdf

Parsons, K., P. Mineau and R. Renfrew (2010) "Effects of Pesticide use in Rice Fields on Birds", *Waterbirds*, Vol. 33/sp1, p. 193 [51]
http://dx.doi.org/10.1675/063.033.s115

農林水産政策研究所（2014）人口減少局面における食料消費の将来推計 [17]
http://www.maff.go.jp/j/council/seisaku/kikaku/bukai/H26/pdf/140627_03_01kai.pdf
（アクセス日 2018年8月3日）

経済産業研究所（2015）日本産業生産性データベース2015 [29]
https://www.rieti.go.jp/en/database/JIP2015/
（アクセス日 2018年7月30日）

Roberts, T. and A. Johnston (2015) "Phosphorus use efficiency and management in agriculture", *Resources, Conservation and Recycling*, Vol. 105, pp. 275-281 [43]
http://dx.doi.org/10.1016/j.resconrec.2015.09.013

Sebilo, M. et al. (2013) "Long-term fate of nitrate fertilizer in agricultural soils", *Proceedings of the National Academy of Sciences*, Vol. 110/45, pp. 18185-18189 [37]
http://dx.doi.org/10.1073/pnas.1305372110

Shindo, J. (2012) "Changes in the nitrogen balance in agricultural land in Japan and 12 other Asian Countries based on a nitrogen-flow model", *Nutrient Cycling in Agroecosystems*, Vol. 94/1, pp. 47-61 [40]
http://dx.doi.org/10.1007/s10705-012-9525-x

Sujono, J. (2010) "Flood Reduction Function of Paddy Rice Fields under Different Water Saving Irrigation Techniques", *Journal of Water Resource and Protection*, Vol. 02/06, pp. 555-559 [55]
http://dx.doi.org/10.4236/jwarp.2010.26063

UN (2018) *World Population Prospects: The 2017 Revision*
https://esa.un.org/unpd/wpp/ [4]

UN (2017) *Report of the Special Rapporteur on the right to food* [52]
https://documents-dds-ny.un.org/doc/UNDOC/GEN/G17/017/85/PDF/G1701785.pdf?OpenElement

UN Comtrade (2018) *United Nations Commodity Trade Statistics (database)* [8]
http://comtrade.un.org/ (accessed on 28 July 2018)

USDA, Economic Research Service (2018) *International Agricultural Productivity (database)* [28]
https://www.ers.usda.gov/data-products/international-agricultural-productivity/
(accessed on 30 October 2018)

WHO (ed.) (1999) *Toxic cyanobacteria in water: a guide to their public health consequences, monitoring and management*, E & FN Spon [44]
http://www.who.int/iris/handle/10665/42827

World Bank (2018) *World Development Indicators (database)* [5]
http://data.worldbank.org/indicator
(accessed on 27 July 2018)

WTO (2017) *Trade in value-added and global value chains : statistical profile of Japan* [69]
https : //www.wto.org/english/res_e/statis_e/miwi_e/countryprofiles_e.htm
(accessed on 30 June 2018)

Chapter 3
日本の農業・食品部門に対する一般的な政策環境

日本において農業は、経済的なリソースに乏しい小規模家族経営農家は政府が支える必要があるとの考えのもと、他分野とは異なる扱いを受けてきた。一方で、日本の農業構造の進展により、日本の農業政策は、イノベーションや起業をより促す政策及び市場環境の整備へと政策パラダイムの転換が求められている。本章では一般的な政策環境が農業におけるイノベーションや起業を促すものであるか、持続可能性に関する政策目的と一貫性があるかについて分析する。

3.1 マクロ経済政策

　日本は、20年に及ぶ低成長からの克服に向け、2013年から大胆な金融政策、機動的な財政政策、民間投資を喚起する成長戦略を三つの柱とするアベノミクスを開始した。この成長戦略には農政改革も主要トピックとして含まれている。アベノミクスの結果、2012年から2016年までの実質成長率は1997年から2002年までのほぼ2倍となる年率1.1%に上昇した。1人当たりの実質成長率はほぼOECD平均と同一となった（OECD、2017[1]）。これらの政策により労働市場も改善し、現在日本の失業率はOECD加盟国中最低で、家計の金融資産は最も高い国の一つである。一方で、労働力不足は農業を含む多くの産業で主要な障害となっている。

　政府の粗債務額のGDP比率は1992年の68%から2017年には224%にまで上昇し、OECD加盟国中過去最大となっている（表3.1）。消費者物価指数は2014年以降ゼロを上回っており、1995年から1998年以降最長の期間となっている。しかしながら、OECD（2017[1]）では、国債利率の上昇リ

スクと巨額の政府債務、今後の社会保障支出に増加を考慮した場合の財政の持続可能性に疑問を示している。

表 3.1. 日本の経済パフォーマンスに関する主要指標、1990 〜 2019 年

	1990	1995	2000	2005	2010	2011	2012	2013	2014	2015	2016	2017	2018e	2019e
実質 GDP 成長率, %	5.6	2.7	2.8	1.7	4.2	-0.1	1.5	2.0	0.4	1.4	1.0	1.7	1.2	1.2
政府一般財政収支[1]	2.2	-4.3	-7.4	-4.4	-9.1	-9.1	-8.3	-7.6	-5.4	-3.6	-3.4	-3.5	-3.0	-2.5
政府一般債務残高[2]	66.1	89.8	130.9	159.1	187.0	202.3	209.9	212.9	218.6	216.4	222.1	224.1	225.5	225.2
経常収支[1]	1.6	2.2	2.7	3.6	3.9	2.1	1.0	0.9	0.8	3.1	3.8	4.0	3.7	4.1
為替 (円 対米ドル)[3]	144.8	94.1	107.8	110.1	87.8	79.7	79.8	97.6	105.8	121.0	108.8	112.2	108.9	109.3
インフレーション, 年 %, CPI 全品目	2.8	-0.1	-0.5	-0.6	-0.6	-0.3	0.0	0.3	2.8	0.8	-0.1	0.5	1.2	1.5
失業率, %[4]	2.1	3.1	4.7	4.4	5.0	4.6	4.3	4.0	3.6	3.4	3.1	2.8	2.5	2.5

注：e=OECD Economic Outlook 推定
　　1. 対 GDP 比　2. 市場価格における 対 GDP 比　3. 期間平均　4. 期末、対就労人口全体比
出典：OECD（2018 [2]）　*OECD Economic Outlook*（database）
　　　https://doi.org/10.1787/494f29a4-en

　世界経済フォーラムによる 2017 〜 18 年世界競争力指数によると日本は 137 か国中 9 位である。日本は公共インフラ及びデジタルインフラの質、健康及び初等教育において特に高い評価を受けている（図 3.1.）。高等教育や訓練については 23 位となる一方、日本のマクロ経済環境は、高い水準の政府債務と政府予算の不均衡により各項目中で最も低い評価となる 93 位となっている。公的制度は比較的競争力があるとされ 17 位となっている。特に知的所有権の保護については上位 10 か国に入っているが、政府の規制による費用については特に高く 59 位となっている。
　イノベーションシステムは日本が最も高い評価を得ている分野（8 位）である。特許申請数では世界第一であり、民間の研究開発投資や研究者や技術者の数でも上位 10 か国に入っている。しかしながら、研究開発における産学連携については 23 位にとどまっている。

図 3.1. 世界競争力指数、2017 〜 18 年
最低（1）から最高（7）までのパフォーマンス

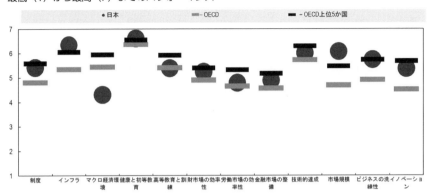

注：OECD の指数は、加盟国の指数の単純平均である。OECD トップ 5 とは、総合指数上位 5 か国（スイス、米国、オランダ、ドイツ、スウェーデン）のスコア平均を示す。

出典：WEF（2017 [3]） *The Global Competitiveness Report 2017 〜 2018*：Full Data Edition
http：//reports.weforum.org/global-competitiveness-index-2017-2018/

3.2　公的ガバナンス

世界銀行による世界ガバナンス指数（WGI）によると日本のガバナンスの質は極めて高いとされている。WGI では、民主性と説明責任、政治的安定性、政府の効率性、規制の質、法による支配及び汚職の制御という六つのガバナンスの側面を評価している。政府の選択に対する市民の参加、表現、結社の自由、メディアの自由を指数化した民主制と説明責任という項目を除き、日本は OECD 平均よりも高い評価となっている（表3.2.）。

効率的な政府については最も高い評価を受けており、高い公的サービスや市民サービスの質、政治的圧力からの独立性、政策形成や実施の質及び政府の政策に対する信頼性が高いことを示している。

表 3.2. 日本のガバナンス指標、2016 年
百分位数ランク：最低（0）から最高（100）

	日本	高所得（OECD）国
意見表明及び説明責任	78	87
政治安定度	86	73
政治有効性	96	88
規制の質	90	88
法規範	88	88
汚職抑制	91	85

出典：World Bank（2018 [4]）　*Worldwide Governance Indicators*（database）
http://info.worldbank.org/governance/wgi/

日本においては、農業政策の実施を含め、地方公共団体が重要な役割を果たしている[1]。日本の地方公共団体の収入や支出の GDP 割合は OECD 加盟国の平均に近い。日本の地方公共団体は社会保障費を除く政府の一般支出の 74% を占めており、OECD 加盟国中最も高い国の一つである。しかしながら、中央政府は地方公共団体に権限を委譲しつつ、財政や制度設計については引き続き権限を維持している（OECD、2016 [5]）。都道府県はほとんどの公共インフラ、教育や福祉、市町村での生活支援、子どもの福祉政策、雇用訓練に対し責任を持つ一方、市町村は都市計画や、市町村道路、一定の港湾や公共住宅、下水道について幅広い権限を持っている。

日本は、これまで数十年にわたって、地域段階での政策実施の柔軟性を高

めるため、地方公共団体への財源及び規制の分権化を進めてきた。しかしながら、2016年時点で地方公共団体の収入の43%が国からの交付金は補助金で占められており、OECD平均の37%よりも高い。農林漁業分野では国からの交付金及び補助金が支出の56%を占めており、政策分野の中で最も国からの交付金及び補助金の比率が高い分野の一つである（図3.2.）。これは地方公共団体が農業政策の実施において自由度が高くないことを示している。

　日本では農業振興や食料安全保障の確保については国の責任であると考えられているが、地域段階でのより柔軟な農業政策の設計と実施は、地域の特徴に応じた多様な農業生産に貢献するだろう。

図3.2. 政策分野別の国と地方による支出の役割分担、2016年

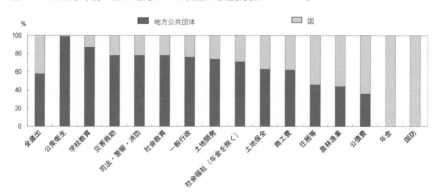

出典：総務省（2018[6]）　平成30年版地方財政白書
　　　http://www.soumu.go.jp/iken/zaisei/30data/2018data/30010000.html

3.3 貿易・投資政策

貿易政策

　日本の輸出入額は世界第4位であり、2016年のGDPの約16%を占める。国内経済の規模が大きいこともあり、日本のGDPにおける貿易の割合はOECD平均の約半分である。2015年のデータでは最大の輸出市場は米国で20.2%、続いて中華人民共和国（以下「中国」）が17.5%を占める。また、アジア諸国（中国、東南アジア諸国連合（ASEAN）諸国、新興国諸国）が日本の輸出入の約半分を占める。

　日本は、多国間貿易システム、加えて二国間及び地域間の貿易協定についても促進している。これは前者を補完するものであり代替するものではないという考えからである（WTO、2017[7]）。日本の総合的な単純平均実行最恵国待遇（MFN）関税率は約6%である。最も高関税である101品目のうち、95は従価税以外の形態の関税である。単純平均実行関税率は、農産物（世界貿易機関（WTO）による定義）では13.3%（2014年度の14.9%から減少）、非農産物は2.5%（2014年度の3.7%から減少）であった（WTO、2018[8]）。

　日本は関税の98.2%を譲許している（159品目は譲許していない）。平均譲許最恵国待遇関税（6.2%）と平均実行最恵国待遇関税（6.1%）間の差はごく僅かである。これは関税の高い予測性を反映しているが、農産物の平均譲許率（16.7%）は非農産物の平均譲許率（3.6%）に比べ極めて高いままとなっている（図3.3.）。また、日本は関税割当てを使用している。158品目（1.7%）がMFN枠外関税の対象となっており、そのうち11品目について国家貿易が行われている。関税割当ての配分方法と手順はやや複雑であるが、関税割当ての配分手順は2014年以降変化していない（WTO、2017[7]）。

図 3.3. 工業品及び農産物の輸入関税
農産物は 2017 年の関税率、非農産物は 2015 年の関税率を使用

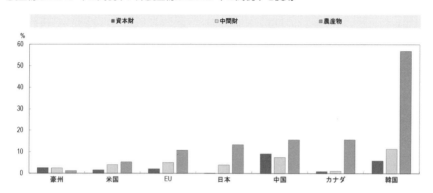

注：農産物の関税率には、従価関税と従価関税に相当する特定関税の双方が含まれるが、非農産物の
　　関税率は従価関税のみが含まれる。

出典：（非農産物）UNCTAD（2018 [9]）　Trade Analysis Information System（TRAINS）
　　　http：//unctad.org/en/Pages/DITC/Trade-Analysis/Non- Tariff-Measures/NTMs-trains.aspx（農産物）
　　　WTO（2018 [8]）　*World Tariff Profiles 2018*（database）
　　　http：//www.wto.org/statistics

海外直接投資政策

　対内直接投資（FDI）は競争、地域での技術力やイノベーションを促すなど重要な恩恵をもたらす。海外からの投入材、投資やノウハウの流入は技術の伝播を通じて生産コストを削減し、生産性を高める役割を果たす。一方、対外直接投資は供給網の多様化や海外市場の開拓に貢献する。食料・農業部門においても対外直接投資は日本の技術や生産システムの輸出に貢献し、海外市場のニーズに対応した高品質で特色ある食品・農産物の供給能力を拡大させる。

　2016 年において、対内、対外直接投資の残高はそれぞれ GDP の 4％、27％ である。日本に対する対内直接投資は他の主要先進国と比べて依然として低い。農業・食品部門への対内直接投資は他の部門より低い一方で、対外直接投資は高い水準にある。農業・食品部門における対内、対外直接投資の残高はセクターが生み出す付加価値のそれぞれ 1％、45％ となっている。

対内直接投資は比較的低い水準である一方、日本の直接投資に対する規制は低い（図3.4）。政府は2020年までに対内直接投資残高を2012年の19.2兆円から35兆円に倍増させる目標を設定している。2017年で日本に対する投資額として最も多い国は、米国、オランダ、フランスであった。アジアからの直接投資は主にシンガポール、香港からのものである（JETRO、2018[10]）。

図3.4.OECD直接投資規制制限指標、2003年及び2016年
最小（0）から最大（1）までのスケール

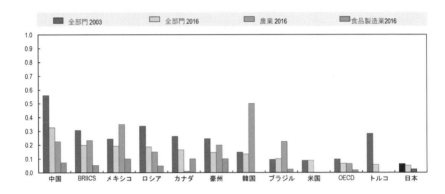

注：直接投資規制制限指標は、1）外国資本制限、2）審査及び事前承認要件、3）主要人員に対する規則、4）外国企業の運営に関するその他制限の4種類の措置をカバーしている。国々は「All sectors 2016」に基づくレベルに従いランク付けされている。OECD及びBRIICSの指数は、加盟国の指数の単純平均である。

出典：OECD（2019[11]）"OECD FDI regulatory restrictiveness index", *OECD International Direct Investment Statistics*（database）
https://doi.org/10.1787/g2g55501-en

3.4 起業に対する政策環境

　起業家は革新的なアイデア、製品、プロセスを市場にもたらすため、起業を促進する政策環境を整備することは、農業イノベーション政策として重要である。日本においては企業の新陳代謝はあまり活発ではなく、2004年から2009年の企業の参入、退出率は平均4.5%と、イギリスや米国の半分以下であった（OECD、2015[12]）。2013年、政府は企業の参入退出率を10%に引き上げるという計画を公表した。また、日本において企業間での生産性や労働収入の格差が比較的高く、拡大傾向にある（OECD、2017[1]）。

　日本における起業に対する規制上の制限は、OECD平均以下に低下したもの、依然としてOECD加盟国の最先進層に属する国よりも高くなっている（OECD、2013[13]）。より低い製品市場規制は、企業の新規参入、国内外の知識の効果的な伝播、経営管理パフォーマンスの向上、イノベーションに対する民間投資の増加といった利点をもたらす（OECD、2015[12]）。OECD（2017[1]）では、日本における企業の新規参入を促進するための規制改革の優先事項を示しており、これには高い水準の既存企業への規制上の保護の低減、各国の優良事例に沿ったスタートアップ企業に対する事務処理負担の軽減、規制プロセスの簡素化などが含まれている。

　退出面では、債務の個人保証の普及や厳しい個人破産制度が起業に対する最も重要な障害になっている（OECD、2017[1]）。中小企業に対する潤沢な支援が企業の不必要な延命につながり、資本や労働を生産性の低い活動に留め置き、潜在的な起業を損なうなど資源配分の効率性を低めている（Box 3.1.）。起業に対する制度的障害を除去することに加え、起業に対するイメージ向上も重要である。生産年齢人口のうち起業を良い職業選択と捉えているのは3分の1以下であり、これはOECD諸国で最低である（OECD、2016[5]）。

Box 3.1.
日本の中小企業政策

　中小企業は日本の雇用の 70% を占めており、OECD 全体の 60% よりも高い。しかしながら、日本の中小企業が産出する付加価値は 50% をやや上回る割合のみであり、OECD 加盟国の大半より低い。これは中小企業の労働生産性が低いことを示している。食品製造業においては特に中小企業の占める割合が高く、2016 年において雇用の 73%、売上げの 72% を占めている。これは製造業における中小企業の雇用割合 (67%)、売上げ割合 (43%) よりも高い (経済産業省、2017 [14])。

　政府は信用保証や政府系金融機関による低利融資、優遇税制を通じて中小企業を支援している。政府による中小企業向けの信用保証残高は例外的に高く、2015 年で GDP の 5.2% にのぼる。融資の 100% の政府保証の割合も 2015 年で信用保証額の 40% にのぼる。一方で、中小企業の銀行融資への依存を考慮すれば、中小企業向け融資の政府保証は融資の 11% 前後であり、米国の 12%、韓国の 15% と同等となる (OECD、2017 [1])。

　法人経営農家の増加と農業経営の多角化により、中小企業政策と農業政策の関連性がより重要になっている。政府は、事業計画の策定に際する農家と中小企業の連携を促進している。2008 年に成立した農商工連携促進法は中小企業と農家の間で新しい製品やサービスを開発する連携計画について政府の承認を受けた場合、補助金、信用保証、優遇税制・金融の適用などが受けられることとし、2018 年 6 月現在、778 の事業計画が承認されている。

　農業競争力強化のための農政改革の一環として、政府は 2016 年に主要な生産資材産業についての調査を行った。その結果、肥料や配合飼料業は製造業者の数が多く、品質が同等のものを多くのブランドで販売していることが高い小売価格につながっているとした。農業機械については 4 大メーカーが国内売上げの 80% を占めているものの、肥料については大手 8 社が 50% を供給するのみであり、小規模な製造業者が市場に存在している (農林水産省、

2016[15]）。さらに、生産資材に対する各種基準の中には、コストを引き上げ、投入材産業でのイノベーションを阻害しているものがあること、また生産資材の高価格に加え、農産物の流通コストも高いことが指摘された。日本では農協が生産資材の調達から生産物の販売まですべてのプロセスで重要な役割を果たしているが、一部で農協の事業は非効率であるとされた。

これらの調査結果に基づき、農業競争力向上プログラム（農林水産業・地域の活力創造プラン）が2016年11月に公表された。このプログラムでは自主的な産業の構造転換や生産資材や流通に関する規制改革が推進された。すべての単位農協、県、国レベルでの組織を含むJAグループは経営資源を金融サービスから経済事業により移転し、投入材の提供や農産物の流通においてより競争力あるサービスを提供する改革を実施した（Box 3.2.）。県に農業機械の研究開発を義務付ける制度や一元的に普及すべき優良品種の原原種や原種の生産を義務付ける制度は農業投入産業におけるイノベーションを促進する観点からに廃止された。

Box 3.2.
日本の農業協同組合

日本の農業協同組合（農協又はJA）は組合員の農業所得を向上させるために農家、非農家により自主的に設立された協同組織である。正組合員は各々投票権を持っているが、非農家である準組合員には投票権はない。協同組合組織は通常、小規模な経営が大企業と競争することを支援するために設立されるため、JAは法人税率の減免、不公正な取引を行ったり、競争を制限しない限りにおいて独占禁止法等特定の規制の免除を受けるなどの恩恵を受けている[1]。

JAは組合員に対し、四つの主要なサービスを提供している。1）生産資材の供給、生産物の販売、農業経営支援などの営農支援、2）融資や貯蓄などの金融サービス、3）生命保険、火災保険、自動車保険を含む保険サービス、4）医療や自宅介護などの福祉サービスである。

2017年、JAは679の市町村において地域サービスを展開している。また都道府県レベルの組織、国レベルでは全組織を統括するJA全中、流通事業や生産資材の供給を担う経済組織（JA全農）、金融組織（農林中金）、保険組織（JA全共連）がある。

　参加は任意であるが、日本のほぼすべての農家はJAの組合員である。正組合員は農家（通常0.1ヘクタール以上を耕作し、90日以上農業に従事する者）に限られているが、非農家であっても組合費を支払って準組合員になることができる。2015年時点で正組合員数は443万人、準組合員は594万人であった。

　すべての単位農協には、技術指導等のための営農指導員が配置されている（2016年で13,750人）。JAは主要な農産物市場、投入材市場において高い市場シェアを持つ（コメ及び野菜はおよそ30％、肥料は50％、農薬で60％、配合飼料で30％）。しかしながら、多くのJAは金融・保険事業による利益により経済事業や営農指導事業の損失を補う収益構造になっている。

　2015年、政府は農政改革の一環として農協法を改正した。改正農協法は、地域の農協の理事の過半数を、原則として、認定農業者又は農産物販売・法人経営に関し実践的能力を有する者を任命することを義務付けることにより、地域農協の営農販売支援事業を強化することを目指している。また、改正法は組合員に事業の利用を強制してはならないものとしたほか、全中による地域農協の排他的な監査権限を廃止した。

1. 独占禁止法は日本の競争政策の主要な枠組みを提供している。その目的は公正で自由な競争を確保し、企業による創造的な取組みを促し、経済発展や消費者福祉のための事業活動を促すことである（WTO、2017 [7]）。特定の産業や事業が独占禁止法の適用除外となっており、これには農協の一部の事業が含まれる。公正取引委員会は農協の活動について例えば、共同施設の利用や資材の購入条件など独占禁止法が適用される事例についてのガイドラインを公表している。

3.5　金融市場政策

　農業金融における市中銀行の役割は比較的小さく、2016年で農家への融資の15%にとどまっておりまたその大半は農業経営よりも家計への融資で占められている（三井住友信託銀行、2013[16]）。一方で、政府系金融機関とJAがそれぞれ農家向け融資の47%、39%を占めている。これに加え、政府は中小企業向けの制度と同様、信用保証においても重要な役割を果たしている。一般的に言って、日本の信用保証はOECD加盟国の中で最も高い国の一つである（図3.5.）。OECD（2015[12]）は政府の支持が中小企業金融の10%を占めており、信用保証を加えると20%に上昇する。農業においては、農業信用基金協会が各都道府県に設立され、JAを含む民間金融機関による融資の全額を保証している。国レベルの農林漁業信用基金が農業信用基金協会の債務の70%を保証する保証保険を提供している。しかしながら、全額の信用保証は市場原理を弱め、金融機関が融資を監視する誘因をほとんど与えないおそれがある（OECD、2017[1]）。

図3.5. 中小企業に対する信用保証、2015年 *
保証残高

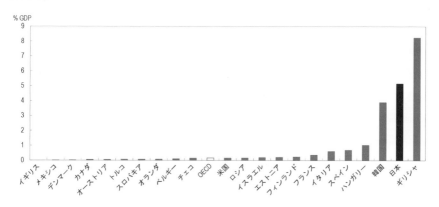

注：* 又はデータ入手可能最新年。

出典：OECD（2017[17]）　*Financing SMEs and Entrepreneurs 2017：An OECD Scoreboard* (database)
https://doi.org/10.1787/fin_sme_ent_2017-en

農水省は主に JA と政府出資の日本政策金融公庫（日本公庫）を通じて様々な低利融資制度を提供している。日本公庫は、認定農業者に対し、長期で最大25年の低利融資を行う最大の制度（スーパーL資金）を運営しており、2017年現在でこの制度に基づく融資残高は5,700億円あり、農業部門の付加価値の11%に相当する。もう一つの15年間の長期低利融資制度は主にJAによって提供されている。これらの制度金融は農業経営向け融資の70%を占めている。

　市中銀行による制度資金の供給は極めて小さく、0.2%に過ぎない。地方銀行から融資を受ける少数の大規模法人農家を除き、農業金融における市中銀行の役割は小さい。これには農業金融においては政府系金融機関や農協が大きな役割を果たしていること、厳しい転用規制により農地を担保化することが困難であること、農業特有の天候、市場リスクの存在、債務の証券化制度など金融機関内で債務を流通させる制度の欠如、完全な財務諸表の欠如等の理由が指摘されている（三井住友信託銀行、2013[16]・日本銀行、2017[18]）。

　一方、農業における直接金融は、農地を所有する農業法人に対する投資に対する制限等により、融資と比較して未発達である。農業以外の者が農業生産法人へ出資する場合、取引関係がある法人のみが25%まで出資できることとされてきたが、2016年の農地制度の見直しにより、取引関係の有無に関わらず50%まで出資できるように見直している。

　2013年2月、政府は官民投資ファンドとして政府が94%の持分を所有する農林漁業成長産業化支援機構（A-FIVE）を設立した。本機構は20年限定で総額319億円の資金により設立された。

　A-FIVE は農家と農業外の企業が新たな結合やバリューチェーンの構築により、農産物の付加価値を革新的な方法で高めるために行う共同事業体に対し投資するものである。投資の半額は民間部門により共同出資され、A-FIVE が通常、一次生産者が主たる所有者として事業の農業外への多角化を行うために民間部門が設立した事業体に投資するサブファンドに通常投資する仕組みである。2017年度終了時までに A-FIVE は127の事業に総額114億円を投資している。

3.6 インフラ政策

日本の公的資本形成は 2013 年で GDP の 107% に達しており、他の OECD 加盟国の GDP 比 34% から 65% と比べて例外的に高い (OECD、2017[1])。一方で、日本における追加的な公共投資の限界便益は既に負に達していると推計されている (Fournier、2016[19])。公共投資の減少とともに、公共インフラの老朽化が地方政府の負担になっている (表 3.3)。地方政府は人口減少下でインフラの維持費用を抑えるため、慎重にどのインフラを維持するのかを見定める必要にせまられている。しかしながら、特に交通インフラの管理は例外的に複雑であり、コストがかかるため、多くの農村集落が交通アクセスの維持に関する厳しい問題に直面している。さらに国土の多くが地震、台風、津波をはじめとした自然災害に対して脆弱である。内閣府 (2013[20]) は、公的資本の限界生産性に幅広い地域格差があり、公共投資は便益が大きいものに集中すべきことを指摘している。

財務省 (2014[21]) はいくつかの日本の主要インフラは既に充足しているとしている。例えば、1986 年から 2014 年に自動車の走行距離は 3.2% しか増加していないのに対し、主要な国道のネットワークは 3 倍に増加している。日本の道路ネットワークは 127 万km に及び世界で 6 番目に長く、ロシア連邦 (128 万km) よりも若干短く、国土が 20 倍あるカナダ (104 万km) よりも長い (OECD、2016[5])。

今後の人口減少はインフラの運営、管理、開発に深刻な問題を引き起こす。まず、人口減少はインフラの固定費用を少ない人口で維持しなければならないことを意味している。第二にインフラの中には十分な利用が行われなければ老朽化がより早く進むもののある。例えば、水路や古い水道管は利用されなければ老朽化がより早く進んでしまう。第三にどのインフラ資産を更新、拡大、維持、廃止するかに関する決定は資産価格や定住パターンに大きな影響を及ぼしうる (OECD、2016[5])。

表 3.3. インフラ老朽化の指標
パーセント割合

	地方公共団体の インフラ割合	50 年以上のインフラの割合		
		2018	2023	2033
道路橋 (距離 > 2km)	92	25	39	63
トンネル	72	20	27	42
河川管理施設	65	32	42	62
下水道	100	4	8	21
港湾 (水深 > 4.5m)	91	17	32	58

出典：国土交通省（2018[22]） 国土交通白書

　内閣府（2017[23]）によれば、灌漑施設や農道などの農業インフラへの新規投資は1995年以来減少しており、新規のインフラ投資全体に占める割合は1960年の13%から2014年には4.7%に減少している。農業インフラの粗ストックは2007年にピークを迎え、その後徐々に減少している。しかしながら、その粗ストックは70兆円を超え、全インフラストックの7.6%を占め、農業による付加価値額の16.9倍に上る。農業を含め、既存インフラの効果的な維持と更新がインフラ政策の重要課題になっている。

図 3.6. 農業インフラの推移、1954 ～ 2014 年

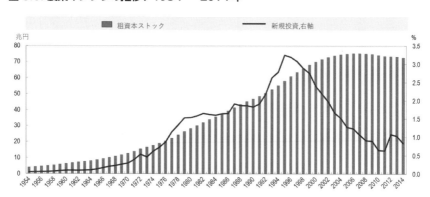

出典：内閣府（2017[23]） "日本の社会資本 2017"
https：//www5.cao.go.jp/keizai2/ioj/docs/pdf/ioj2017.pdf

情報通信技術（ICT）インフラ

2013年、日本は2020年までに世界で最も先進的なIT国になるという意欲的な宣言を行った。日本は完全にIT技術を生かせていないとの認識の下、政府は新しく革新的な産業とサービスの創造を促進することによりITを経済成長のエンジンとするとの戦略を公表した（IT戦略本部、2013[24]）。日本の携帯ブロードバンド普及率はOECD加盟国で最も高く（2017年で100人中163契約）で固定ブロードバンド接続における光回線の割合では2番目に高い（図3.7.）。

図 3.7. OECD 加盟国における住民 100 人当たりの携帯ブロードバンド契約数、2017 年

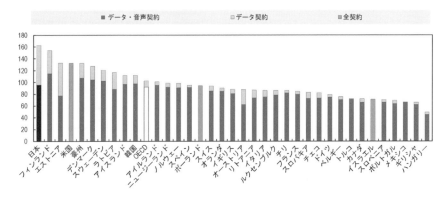

出典：OECD（2018[25]） *Broadband Portal*（database）
http://www.oecd.org/sti/broadband/broadband-statistics/

ICTインフラの整備は作物の生育、地力、水資源あるいは環境パフォーマンスを監視する衛星データの利用、農業生産を精密に管理し、自動化するための分析ソフト、センサーや自動運転の農機具の利用により、農家段階でICTを活用して生産性や持続可能性を向上させる途を開いている。さらにICTは新たな方法で農家を消費者や他産業と接続し、ブロックチェーン技術やその他の革新的なデータ管理システムは農業・食品バリューチェーンの効率性や透明性を高められる。

これらのイノベーションの核心はデータ化あるいは農業・食品データを取

得、分析及び交換する能力の拡大にある。デジタル化への転換やデータの構築や共有能力の増大は農業における新たなデジタルサービスを発展させる機会を提供する一方、農地、天候、農業生産や研究結果など農業生産や農業経営にとって重要な様々な農業関連のデータが収集され、分散して記録されている。個人的及びセンシティブなデータを貯蔵する能力が増大するにつれ、農家や消費者はこれらのデータがどのような形で適正に処理されるのかという点について明確にするよう求めるようになっている。さらに、異なる農業ICTサービス事業者の間の連携が限定的であることは農家がこれらのサービスを統合的に活用することを難しくさせている。農業におけるデジタル技術の利用の可能性を広げるためにはICTインフラへのアクセスだけではなく、幅広いデータ収集と分析サービスの発展とこれを支える規制環境が必要である（OECD、2019[26]）。

日本は農業のデジタル化に向けたソフトインフラの整備に対する政策努力を高めてきた。例えば、デジタル分野において異なる事業者により運営されている活動に対する信頼性を高めるため、2018年に農業関連のデータ契約のガイドラインを構築している。また、2017年にはメタデータの基準や農業データの互換性プロトコルを構築するための努力の一つとして、農業データ連携のためのプラットフォームをパイロット事業として構築している（Box 3.3.）。

Box 3.3.
農業のデジタル化に向けたソフトインフラの構築

2016年内閣府は、データの種類に応じた所有権を含む農業ITサービス標準利用規約ガイドを公表した。本ガイドは収量予測や最適な生産プロセスなど加工されたデータの所有者はデータの類型によるが、生産量や収量などの生データについてはデータを提供した者（生産者）に所有権があると特定している。多様な農業関連のデータサービス事業が出現するにつれて、農林水産省は2018年に関係者が参加する中で農業分野におけるデータ契約のガイドラインを作成した。このガイドラインでは一方の当事者（典型的には生産者）が他方にデータを提供するケース、両者が新たなデー

タを作成するケース、複数の当事者同士でデータを共有するケース、の三つの状況分類をしている。その上で状況に応じて契約を作成する際の考慮事項を示すとともに関係する法制度を明確化している。

　農業データ連携基盤（WAGRI）は異なる分野の農業データのプロバイダと利用者により2017年8月に設立された。農業データ連携基盤のプロトタイプを2017年12月に公表し、2019年には本格的な運用を開始した。このプラットフォームでは農業関連のデータの調整、共有、提供を行っている（図3.8.）。これには農地の位置や面積、気温や降雨量を含む気象情報等の公表データを含んでおり、将来的には農家、農機メーカー、ICTベンダーの持つデータの統合、農業の生産管理の最適化のためのビッグデータの利用を予定している。しかしながら、データ提供者間での利益配分方法やデータの利用ルールなど今後解決すべき課題も残されている。

図 3.8. 期待される農業データ連携基盤の構造

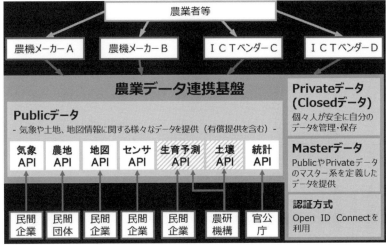

出典：農林水産省（2017）[27]　平成28年度食料・農業・農村白書

3.7 自然資源管理政策

一般的環境政策

　日本における主な環境負荷は、運輸、農業、産業、そして特にエネルギー需要の増加と民間部門による最終消費から生じている。OECD（2010[28]）は、日本の環境規制は厳格かつ適正に執行されており、強力な監視体制を持つとしている。日本の環境政策はOECD平均よりも厳しいものである（図3.9.）。特に1990年代以降、非従来型の大気汚染物質（例：ダイオキシン、ベンゼン）や廃棄物処理対策が大きく進歩した（OECD、2010[28]）。新たな環境技術や廃棄物処理方法に関する厳格な基準設定や研究開発に対する財政的支援は、日本のイノベーションに良い影響を与えた。このような半ば強制的な技術開発の取組みにより、厳格な環境規制を適時に実施することが確保できた（OECD、2010[28]）。

図 3.9. 環境政策の厳格性の推移、1990～95年及び2012年
最小（0）から最大（5）までのスケール

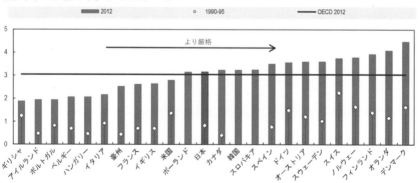

注：　韓国、ポーランド、スロバキア共和国の、1990～95年の平均値はデータが存在しない。

出典：Botta and Koźluk（2014[29]）"Measuring Environmental Policy Stringency in OECD Countries：A Composite Index Approach"
http：//dx.doi.org/10.1787/5jxrjnc45gvg-en

主な環境規制

　農業由来の汚染は、一般的な環境規制により規制されている。環境基本法は、環境政策の基本原則を定め、水や土壌を含む公害の防止や地球規模の環境問題への対策を講じるための国の責任を明確にしている。各環境基準は、これらの原則に基づいて個別の法律によって設定されており、ほとんどの法律は環境省が所管している。

　水質汚濁防止法は、水質の点源汚染に関する規制の枠組みを定めている。農業に関しては、畜産農家からの点源汚染が規制対象であり、畜産農家に活動報告及び排水の水質測定を義務付けている[2]。閉鎖水域近くに位置する畜産農家には、より厳格な規制が適用される。さらに地方自治体が、地域の生態環境の状況を考慮してより高い基準を適用することもある。本法では、公共水域への排水も規制しており、一部の農薬が規制対象となっている。水道法は飲料水の水質に関する基準を規定している。浄水で検出される可能性が高い農薬は、水供給業者によって監視される対象項目の一つとされている。

　農用地の土壌の汚染防止等に関する法律は、汚染された土地で農産物が生産されることを防止する観点から農地の使用を規制している。本法における指定有害物質として、カドミウム、銅、ヒ素が挙げられている。農地が汚染限度（カドミウム：コメ1kgにつき0.4mg以上、銅：土壌1kgにつき125mg以上、ヒ素：土壌1kgにつき15mg以上）を超える場合、地方自治体が土壌の復元を行うための対策を講じ、政府が対策に要する費用に対し財政的助成を行う。1971年以降、7,592ヘクタールの農地が基準を超えたが、2016年度の時点で7,055ヘクタールの農地が処理を完了した。

　生物多様性基本法と生物多様性国家戦略は、生物多様性の保全と持続可能な利用に関する政策の目標と方向性を示している。特定外来生物による生態系等に係る被害の防止に関する法律は、日本における生態系と農業に影響を引き起こす可能性が高い特定種の栽培、貯蔵、輸送、輸入及び流通を禁止している。農業は生物多様性と密接に関係しており、生態系に正と負の影響を与える（Hardelin and Lankoski, 2018[30]）。農業と生物多様性の相関関係の重要性を認識し、農林水産省は2007年に包括的な生物多様性戦略を発表し、2012年に改定した。この戦略には、政府による農村地域（里山）の保全、

生物多様性の評価やシンポジウムを通じた生物多様性に関する意識の向上への取組みが記載されている。

農業投入材及び排出に関する個別規則

肥料

　肥料取締法は、肥料の生産と輸入を規制し、肥料を特殊肥料と普通肥料の二つに大別している。化学肥料は普通肥料に分類され、コメぬかや家畜排せつ物などの単純な有機肥料は特殊肥料に分類される。普通肥料は種類ごとに公定規格が定められており、登録を受けることにより生産及び輸入することができる。公定規格は、含有すべき肥料成分の最小量及び有害成分の最大含有許容値等を規定している。産業廃棄物に由来する肥料の登録については、植物に対する毒性試験結果を提出する必要がある。本法はまた、生産者及び輸入業者に、保証有効成分量などを記載した保証票を肥料に添付することを求めている。

　多くの都道府県で施肥ガイドラインが設定されているが、肥料取締法では肥料の使用について規制はしていない。2017年、47%の日本の生産者が土壌診断を実施していなかったが、68.2%の生産者が土壌中の栄養素含有量を特定するための技術を使用したいと回答している（農林水産省、2018[31]）。農場段階での栄養素の調査やそのための訓練機会の提供は、より効率的で持続可能な肥料の使用を促進することにつながる。また、手頃な土壌診断システムや緩効性肥料といった環境への負荷が低い肥料の開発は、窒素とリンの投入量の減少に寄与する。

農薬

　農薬取締法は、国に登録された農薬のみに製造、輸入、流通及び使用を許可している。登録は、毒性、作物及び土壌中の残留性、並びに人体や環境に対する安全性評価といった科学的データに基づいて審査される。環境省は、食品や飼料作物中の残留農薬及び水質汚染による人の健康への悪影響を防ぐために、農薬登録に必要な具体的な条件を定めている。これらの条件には、

特定の水生動物や植物への影響軽減を目的とするものもあるが、米国の農薬登録手続とは異なり、地域の生物多様性に対する影響は考慮されていない（Box 3.4.）。農薬取締法は、食品に農薬が過剰に残留することを防ぐために、登録された各農薬に使用基準を設定している。都道府県は、地域の環境条件を考慮して特定の農薬に対し追加的な規制を課すことができる。2018年の同法の改正により、登録された農薬に対し15年ごとに定期的に再評価する制度へと改組された。

人体の健康への悪影響を防ぐために、厚生労働省が所管する食品衛生法は食品中の農薬最大残留基準を定めている。食品中の残留農薬について、残留制限値が別途規定されている場合を除き、すべての農薬について0.01ppm以下としている。最大残留基準値を超えていることが判明した食品は、販売又は輸入が認められない。

環境省は、トンボや野生のミツバチなどのいくつかの種に対する農薬使用の影響について、生態学的評価を行っている。農薬の使用とこれら生物の個体数との間の相関関係については依然として不明確であるため、さらなるデータ収集と研究が計画されている（環境省、2017[32]；環境省、2014〜2016[33]；環境省、2017[34]；環境省、2014〜2016[33]）。農薬取締法は、2020年4月に環境影響評価の範囲を陸生動植物に拡大することを予定している。

Box 3.4.
米国における農薬登録と生物多様性

　米国では、環境保護庁が農薬登録の審査を担当している。絶滅の危機に瀕する種の保存に関する法律（絶滅危惧種法）は、連邦機関に、許認可、予算、又は政策実施が、法律のリストに掲載される絶滅危惧種の継続的な存在を脅かし、これらの種の重要な生息地を破壊しないようにすることを確保するよう規定している。

　登録プロセスの一つとして、絶滅危惧種法は、農薬の使用がリストに掲載される絶滅危惧種又はそれらの生息地に影響を与えるか評価することを環境保護庁に求めている。環境保護庁は、リストに掲載される種を保護す

るために当該農薬の使用制限が必要であると判断した場合、連邦殺虫剤殺菌剤殺鼠剤法（the Federal Insecticide, Fungicide, and Rodenticide Act）の下で執行可能な一般的又は特定地域を対象とした農薬の使用制限を行う。特定地域の農薬使用制限が必要な場合、当該情報は「絶滅危惧種保護情報（Endangered Species Protection Bulletin）」に掲載され、また農薬のラベルに記載される。

出典：US EPA（2019 [35]） *About pesticide registration*
　　　https：//www.epa.gov/pesticide-registration/about-pesticide-registration

家畜排せつ物の管理

1999年、家畜排せつ物の管理の適正化及び利用の促進に関する法律に基づき、家畜排せつ物の管理に関する基準が制定された。本法律では、一定数以上の家畜（牛及び馬：10頭、豚：100頭、鶏：2,000羽）を有する畜産農家に対し、管理基準の順守を課している。2017年現在、ほぼすべての畜産農家が施設基準を順守している。

最小限の無機質肥料が配合されている家畜排せつ物は、土壌の肥沃度や作物の生産性を向上させるとともに土壌の劣化を軽減させる（Das et al.、2017 [36]）。2015年には、家畜排せつ物の87%が肥料やその他の資源として再利用された（農林水産省、2018 [37]）。政府は、無機質肥料の代替として家畜排せつ物の利用を増やすよう取組みを進めてきた。2012年、日本は、肥料取締法に基づき商業用として家畜排せつ物を無機質肥料と組み合わせた複合肥料の基準を追加する公定基準の改正を行った。しかし現行の基準では、家畜排せつ物の含有が最大50%に制限されている。水田における家畜排せつ物の使用は施肥が複雑になることもあり減少しており、さらなる肥料の開発やイノベーションのためにも家畜排せつ物を商業用肥料に含むよう公定基準を改定することを検討すべきであろう。

気候変動対策

1997年の京都議定書に基づき、日本は2008年から2012年の間に温室効果ガス排出量を1990年比で6%削減する義務を負っていた。同期間中の平

均排出量は1.4%増加したが、森林による温室効果ガス吸収源3.6%分の確保や発展途上国における排出削減や吸収量を増加する事業投資（クリーン開発メカニズム）による5.9%の削減分を確保したことで当初の目標を達成した。日本は第二約束期間（2013～2020）には参加しなかったが、国連気候変動枠組条約締約国会議（COP16）のカンクン合意に基づき、2020年までに2005年比で3.8%以上の排出削減を行う目標を2013年に発表した。

2016年、日本はパリ協定を批准し、2030年までに2013年比で温室効果ガス排出量を26%削減（約14.2億トンのCO_2に相当）することを目標とした気候アクションプランを提出した。パリ協定に基づき、政府は2016年に地球温暖化対策計画を策定した。本計画では、国内排出量の削減と吸収量の確保により、温室効果ガスを2030年までに26%、2050年までに80%の削減を目指すこととしている。また、エネルギー効率の高い温室園芸や農業機械への移行による燃料消費量の削減、稲作手法の改善によるメタン排出量の削減、窒素肥料の使用効率改善による一酸化二窒素排出量の削減なども目指している。さらに本計画では、土壌炭素蓄積の取組みを進めることについても含まれている。

政府の排出削減計画により、農林水産業部門における温室効果ガス排出削減率は2.8%に設定されているが、そのうち2%は森林吸収源によるものであり、0.6%が農地の炭素蓄積である。その結果、農林水産部門では実質的に0.2%の温室効果ガス排出の削減が期待されていることになる。農業部門からの温室効果ガス排出量の割合は低いものの、農業の温室効果ガス排出量絶対量は他のOECD諸国と比較すると高い。

地球温暖化対策の推進に関する法律は、温室効果ガス排出を相当量排出する者に対し、国に排出量を報告することを求めるものとなっているが、農業部門を含め、事業者に温室効果ガスの排出を削減することを法的に義務付けてはいない。また、日本はエネルギー由来の二酸化炭素排出の削減対策として、2012年に石油と石炭に対する環境税を導入したが、農業に使用されるディーゼル燃料はこの課税から免除されている。さらに、農業に使用される重油は石油税及び石炭税並びに環境税が免除されている。加えて、省エネルギー活動などにより削減された温室効果ガス排出量を認証するJ-クレジット制度が制定されている。しかし、本制度で温室効果ガスをオフセットする

事業として登録されている農業関連事業は限られており、2018年において
は農業が2％（5事業）、食品関連産業が7％（19事業）であった（農林水産省、
2018[38]）。

　2017年、農林水産省は農林水産業における温室効果ガス排出削減のため
の地球温暖化対策計画を発表した。本計画では、温室効果ガス削減、研究開
発及び国際協力に関する幅広い方向性を示している。本計画に併せ、農林水
産省は2025年までの工程表を含んだ気候変動適応計画も策定した。当該計
画は、気候変動適応に関する五つの基本的政策原則を盛り込んでいる。具体
的には、1）政府の影響評価及び現場のニーズに即した当面10年間適応計
画の策定、2）耐高温品種及び適応技術の研究開発や対応品種・品目への転
換促進、3）自然災害や極端な気象現象への対応・防災、4）より温暖な気
候変動がもたらす機会の活用、5）国と地方自治体間の連携強化及び責任の
明確化、となっている。また本計画は、品目別の課題や予測、具体的な対策
を示している。

水利政策

　農業用水の使用は、水を集約的に使用する稲作部門により占められており、
主に梅雨時期の雨水と灌漑による地表水に依存している。水田面積は全農地
面積の54％を占める。農業の水使用は河川からの取水量全体の68％を占め
ており、そのうち94％は水田灌漑用である（2015年）。日本は降雨量が多い
が、非常に急峻な河川で占められているため、ダムや貯水池がないと河川水
の利用は困難である。上流で水田に使用された水は河川に戻り、再び下流で
利用される。水田は水循環のシステムにおいて、河川から取水した水を貯留
し地下水のかん養を行っており、また流域の生態系も保全しており重要な役
割を果たしている。

　水路等の農業用灌漑施設は重要な社会資本である。しかし、これら施設の
多くは現在、更新又は修繕が必要となっている。施設の20％以上が平均寿
命を超えており、この数は今後10年間で約40％増加すると予想されている。
さらに、近年の農場規模の拡大により、給水網への負荷が高まり、効率的な
農作業の妨げとなっている。したがって、ICTやIoTを使用した水管理の
改善は、今後不可欠であろう（Box 3.5.）。

Box 3.5.
水資源管理におけるICTの活用

　稲作において水の管理は最も重要な作業の一つである。水の状態はコメの品質と収量に影響を与えるため、生産者は水位及び水温を日々把握し、稲の各生育段階に応じて適切な配水を行う必要がある。水田の水管理は労力のかかる作業であり、稲作の大きな部分を占める。IoTにより、農業者が水田の水位と水温を確認することやセンサーによって収集されたタブレット端末のデータを介して遠隔制御可能な給水バルブを使用して水位を管理することができる。

　実証実験では、IoTを活用することにより水管理に必要な作業時間が平均40％減少した。これは、農村地域の労働力不足を緩和するのに特に役立つ。また、蓄積したデータを稲の品質や収量の分析に活用することにより、翌年の生産計画に活かすことができる。2018年度以降、水管理のICT導入を推進する事業制度が拡充されることから、政府は、農業用水を効率的に管理する地区の増加を想定している（国土交通省、2018 [22]）。

　灌漑用水の使用権は、河川法に基づき灌漑施設の所有者に付与される。いくつかの大規模灌漑施設を除き、土地改良区は貯水池、取水口、ポンプ、主要用水路等の大半の灌漑施設の維持管理を行っている。土地改良区は、施設の開発・修繕費用及び運営管理費用の一部を会員から回収する水利組合として機能している。また土地改良区は、灌漑施設を維持するための共同作業を行うよう会員に義務付けている。このような参加型の灌漑管理制度が日本の灌漑施設の長期的な運営及び維持に貢献している。

　灌漑施設の整備又は修繕にかかる費用の割合は、事業規模や種類によって異なる。土地改良法では、受益地面積が3,000ヘクタールを超える場合は、国営事業費の3分の2を国が負担し、受益地面積が200ヘクタールを超える場合は、都道府県営事業費の半分を国が負担することとしている。農林水産省は、地方公共団体用に費用分担率に関するガイドラインを設定しており、例えば国営事業による灌漑排水施設の新規開発の場合における建設費の割合

は、都道府県が17％、市町村が6％、土地改良区が10.4％としている。一方、施設の更新事業の場合、その費用分担割合は都道府県が19.4％、市町村が9％、土地改良区が5％としている。

　灌漑施設への新規投資は減少しており、既存施設の維持管理が土地改良区の主な業務となっている。土地改良区は多くの場合、組合員の所有する水田及び耕作面積に基づき維持管理費を配分し、作付している作物の種類や耕作状況は費用配分の考慮に入れられていない（倉本ほか、2002[39]）。この理由の一部として、コメの作付けが将来再開される可能性があることや生産作物が多様化できるよう水田排水路が改修された場合においてもコメが裏作として作付される場合があるためとしている。しかし、現在の費用分担のメカニズムは節水の動機を与えず、コメ以外の作物への生産の分散を妨げている。

　土地改良区の合併により、1975年から2016年の間で土地改良区の数は53％減少し、組合員数は29％減少し360万人となったが、農地に占める借地面積の割合は大幅に増加した。農林水産省によると、土地改良法では原則として耕作者が土地改良区の会員となるべきであると規定しているが、実際には56％の貸農地の所有者が依然として土地改良区の組合員となっている。土地所有者は、灌漑施設の更新、修繕及び維持にかかる費用を支払う誘因が耕作者よりも低い傾向にある。土地改良区の運営管理に対する耕作者の意見を反映するために、土地改良区の理事の5分の3以上が耕作者から任命されるよう2018年に土地改良法が改正された。

　灌漑施設の持続可能な運営維持には水の利用者が灌漑施設の更新・修復の費用を負担する必要があり、これは農業におけるより効率的な水利用の誘引となる（Shobayashi、2010[40]）。個々の事業ごとに灌漑設備の更新・修復費用を組合員に請求するのではなく、現在及び将来の使用者が設備維持費用を均等に負担する制度が必要である。

土地利用政策

　地主から小作人へ土地を再配分した戦後の農地改革の結果、日本の農地所有構造は小規模で分散したものになっている。農地取得に対する厳しい規制はこの農地改革の成果を維持するために課されていたものであり、非農家による農地の購入は禁止されていた。しかしながら、このような規制は農地の

賃貸借市場を通じた構造変化を促すためにこれらの規制は徐々に緩和されていった (Box 3.6.)。非農業利用への農地の転用は規制されていたものの、都市近郊においては農家による農地の非農業利用への転用期待が高く、農地の集積を困難にしてきた。

2014年には、政府の土地取引における仲介機能を強化するため、従前に都道府県や市町村に設立されていた農地保有合理化法人に代わるものとして農地中間管理機構がすべての都道府県に設立された。農地中間管理機構は、農地取引の仲介機能に加え、農地の所有者の同意や費用負担なしに、大区画化や排水施設への投資など農地の機能やインフラを改善することも可能にした。この制度は、担い手農家が生産性の高い農地を欲していても、機構に農地を貸し出す農地所有者は離農を予定しており、一般的に農地に対する投資に積極的でないことから導入されたものである (OECD、2016[5])。

これに加え、追加的な誘因として、農林水産省は中間管理機構を通じた農地の貸出しについて土地所有者に補助金を提供する制度も導入した。また、貸し出した土地所有者は3年から5年間固定資産税の50%の減免措置が受けられることとしたのに対し、耕作放棄については所有者が中間管理機構に貸し出すか耕作を再開しなければ固定資産税を1.8倍に増額した。

Box 3.6.
日本の農地規制

　地主から小作人へ農地の再配分を行った戦後の農地改革の成果を維持するため、農地法は農地に対する強い規制を課し、農地の所有制限、小作料の管理を行うとともに、小作人の権利を厳しく保護し、土地所有者が小作人の同意なしに農地賃貸借契約を解約することを制限している。農地の取得は農地を実際に耕作する者に制限されており、農地の取引は民主的な決定を行うため市町村ごとに設立された農業委員会による許可が必要とされている。現在、市町村長が農業委員を任命することとなっており、その過半は地域の認定農業者を任命することとされている。

　農地法の基本原則は自作農を創設することにあったため、個人は農作業（例えば、耕作、除草、収穫）に従事する場合に農地を取得できることとされている。したがって、非農家による所有の制限や役員の農業従事要件など農業生産法人の要件を満たす企業にのみ農地の権利取得が認められている。しかし、これらの条件はほとんどの企業にとって農地の権利の取得を不可能にしていた。

　2003年には構造改革特区において自己の行う農業計画や地域の共同作業への従事に関して市町村と契約を結んだ場合には農地の賃貸借権を取得できることとされた。2016年には、農業生産法人制度が見直され、非農家の企業は農地所有適格法人の50%まで出資できるようになった。また役員要件は緩和され、役員又は農場長等のうち1人以上が農作業に従事すればよいこととされた。

　農地法は農地転用の際は地方自治体の許可を義務付けている。この許可は灌漑設備への影響や土地の肥沃度や面積といった農地の生産性に関する複数の基準に基づいて行われる。農業振興地域整備法に基づく農地のゾーニング制度も1969年に導入されている。この法律は市町村に包括的な土地利用計画を含む農業振興地域整備計画を策定することを義務付けている。この計画で農用地区域に指定された区域内の農地は転用が禁止されている。2016年現在、90%の農地が農用地区域に区分されている。

3.8 要点

- 日本では、経済の中で不利な状況下にある小規模農家を政府が支える必要があるとの暗黙の政策前提の下、農業は他の経済部門とは異なる扱いを受けてきた。農業構造の進展により、このようなイノベーションや起業をより促す政策、市場環境の整備に政策パラダイムを転換することが求められている。

- 日本は、一部の農産物に対する高い国境措置が存在するものの、比較的開放的な貿易・投資環境を維持しており、二国間、地域での貿易協定とともに多国間での貿易システムを継続して促進している。

- 極めて低い対内直接投資規制にもかかわらず、日本への対内直接投資は農業・食品部門も含めて低いままである。食品部門における対外直接投資は比較的高く、食品製造業における国境を越えた生産ネットワークの拡大を表している。日本からの輸出と現地生産を組み合わせた、より需要主導的な海外戦略により世界市場で高まっている日本の食料品に対する需要を十分に取り込むことができるだろう。

- 日本の起業に対する一般的な規制環境は OECD 平均以下に下がっており、農地規制の見直しは、非農家が農地を所有、貸借する可能性を広げたことで農業に対する参入障壁を下げた。

- 農業部門でより主流となってきた大規模な法人経営農家は、人材育成、事業承継、ビジネスマッチングといった他の部門の中小企業と同様の経営課題に直面している。

- 農業の競争力を確保するためには、効率的な投入材・生産物市場を整備することが決定的に重要である。JA は組合員に対して、金融、保険、投入材供給、販売、営農指導、福祉サービスといった総合的なサービスを提供している。JA の利益構造は金融、保険事業による利益がそれ以外の事業の損失を補っていることを示している。JA はさらに法人税の減免や特定の規制の免除などの恩恵を受けている。

- 市場における優越的な立場により、JA は特定の投入材、生産物市場において高い市場シェアを維持している。日本は近年 JA グループを含め、国内の投入市場や卸売市場における競争を促進する数多くの改革を実施してきた。JA はプロ農家の専門化し、多様化したニーズに対応するという課題に直面している。JA とその他のプレーヤーの間でのさらなる競争的な市場環境は農業の投入材、生産物市場の機能を改善し、多様な農業サービス提供者の出現を後押しするだろう。

- 農業金融における市中銀行の割合は比較的低い一方、政府系金融機関とJAが生産者に対して潤沢な制度資金を提供している。高い水準の信用保証は市中銀行が農業金融向けに信用評価システムやリスク管理スキルを構築し、借入者を監視するインセンティブを低めている可能性が高い。

- 日本は高品質の公的インフラ及びデジタルインフラを整備してきた。日本の道路網は世界で6番目に長く、携帯ブロードバンドの契約率は世界一である。インフラ政策の焦点は新規投資から、灌漑排水施設などの農業インフラも含め、老朽化するインフラの効率的な管理に移っている。

- 日本は高度に発展したデジタルインフラを農業の生産性や持続可能性の向上のためより活用できる。デジタルインフラの利用を促すためには、無線規制、農道の設計、道路交通規制といった物理的、制度インフラの再設計が必要である。農業関連のデータ契約のガイドラインの策定や、データ共有のためのプラットフォームの設立は農業のデジタル化を促進するためのソフトインフラを構築する努力の一環である。

- 環境保全に関する日本の一般的な規制の枠組みは厳格で適正に執行されており、強力な監視能力を持つ。畜産部門からの点源汚染は水質と悪臭に関する規制によって管理されているが、作物部門からの非点源汚染は一般的な環境規制の対象となっていない。日本では、温室効果ガス排出権取引制度といった例外を除いて、自然資源管理において経済的手法の使用が限定的である。

- 日本は国、都道府県、市町村の間での行政の役割分担がなされているが、農業関係の支出について国の割合が特に高い。政策目的が国全体の食料安全保障や所得補償から、多くの場合地域の公共財である農産物の生産以外の多面的機能の提供に拡大されるにつれ、政策決定や財政における地域の役割がより重要になっている。

- 少数の大規模灌漑施設を除いて、土地改良区がほとんどの灌漑施設を維持管理している。土地改良区は、将来的に又は裏作としてコメの作付けが行われる可能性があるという仮定に基づき、現時点において作付されている作物の種類や土地が耕作されているかどうかを考慮せずに、土地面積に応じて維持管理費用を組合員に負担させている。現行の制度は、生産者による節水のインセンティブをほとんど提供せず、さらには稲作以外への作物への生産の分散という農業の構造変化を妨げている。少数の大規模事業への農地の集約及びセンサー技術の開発は、水の使用量に基づいた費用徴収を実現させる可能性を高めている。

- 過去50年間にわたり日本は灌漑施設に多額の投資を行ってきたが、既に20%以上の主要な灌漑施設が想定寿命を超えている。土地改良区の組合員は灌漑施設の維持管理費用を負担しているが、灌漑設備の更新・修復費用は国と土地改

良区がその費用を生産者と分担している。現在、灌漑施設の整備、更新、又は修復に関する費用は個々の事業ごとに土地改良区の組合員によって支払われているため、現在及び将来の灌漑用水利用者の間での負担と受益のバランスが取れない可能性もある。灌漑施設の持続的な維持と管理には、現在及び将来の利用者が、施設の更新又は修復費用を同等に負担することが求められる。

● 細分化した農地の大規模化は過去50年間日本の主要な政策課題であり続けた。2014年に設立された農地中間管理機構は機構を通じた農地の賃貸借に対する金銭的、規制的インセンティブを強化するものであった。しかしながら、農地の取引に対する金銭的インセンティブは、農作業の受委託、機械の共同利用、集落営農組織の組織化など地域の実情に応じた多様な形の農地の規模拡大を阻害してきた可能性がある。

注

1 日本の地方公共団体は47の都道府県と1,718の市町村、東京都の23の特別区の二つの階層に分かれている。

2 畜舎の最低面積は豚の場合50平方メートル、牛の場合200平方メートル、馬の場合500平方メートルと定められている。

3 2002年に開始された構造改革特区をはじめとする特区制度は日本の規制改革努力の特徴の一つである。2014年までに1,235の特区が設定されている。これらは特定の地域において改革のアイデアを実験する機会を提供しており、これらの実験が改革に対する官僚的な抵抗を回避する方法として期待されている（OECD、2016[5]）。

参考文献

日本銀行（2017） アグリファイナンスについて —地域金融機関の取組みの現状と課題— [18]
https：//www.boj.or.jp/announcements/release_2017/data/rel170522c2.pdf

Botta, E. and T. Koźluk（2014） "Measuring Environmental Policy Stringency in [29]
OECD Countries：A Composite Index Approach", *OECD Economics Department Working Papers*,
No. 1177, OECD Publishing, Paris
https：//dx.doi.org/10.1787/5jxrjnc45gvg-en

内閣府（2017） 日本の社会資本 2017 [23]
https：//www5.cao.go.jp/keizai2/ioj/docs/pdf/ioj2017.pdf

内閣府（2013） 平成 26 年度年次経済財政報告 —よみがえる日本経済、広がる可能性— [20]
https：//www5.cao.go.jp/keizai3/whitepaper2.html

Das, S. et al.（2017） "Composted Cattle Manure Increases Microbial Activity and [36]
Soil Fertility More Than Composted Swine Manure in a Submerged Rice Paddy",
Frontiers in Microbiology, Vol. 8
http：//dx.doi.org/10.3389/fmicb.2017.01702

Fournier, J.（2016） "The Positive Effect of Public Investment on Potential Growth", [19]
OECD Economics Department Working Papers, No. 1347, OECD Publishing, Paris
https：//dx.doi.org/10.1787/15e400d4-en

Hardelin, J. and J. Lankoski（2018） "Land use and ecosystem services", [30]
OECD Food, Agriculture and Fisheries Papers, No. 114, OECD Publishing, Paris
https：//dx.doi.org/10.1787/c7ec938e-en

IT 戦略本部（2013） 世界最先端 IT 国家創造宣言（平成 25 年 6 月 14 日） [24]
https：//www.kantei.go.jp/jp/singi/it2/kettei/pdf/20130614/siryou1.pdf.IT

日本貿易振興機構（2018） ジェトロ対日投資報告 2018 [10]
https：//www.jetro.go.jp/ext_images/invest/ijre/report2018/pdf/jetro_invest_japan_report
_2018jp.pdf
（日本語）

倉本ほか（2002） "担い手稲作農家における土地改良負担の現状と課題"、長期金融 [39]
Vol. 87, pp.1-185

農林水産省（2018） 農林水産分野の J- クレジット制度・CO_2 の見える化（農林水産分野の取組み） [38]
http：//www.maff.go.jp/j/kanbo/kankyo/seisaku/s_j-credit/maffpro/maffpro.html

農林水産省（2018） 環境保全に配慮した農業生産に資する技術の導入実態に関する [31]
意識・意向調査（平成 30 年 11 月 20 日公表）
http：//www.maff.go.jp/j/finding/mind/attach/xls/index-18.xlsx
（アクセス日：2019 年 2 月 5 日）

農林水産省（2018） バイオマスの活用をめぐる状況 [37]
http：//www.maff.go.jp/j/shokusan/biomass/pdf/meguji1.pdf

農林水産省（2017） 平成 28 年度食料・農業・農村白書 [27]
http：//www.maff.go.jp/j/wpaper/w_maff/h28/attach/pdf/index-22.pdf

農林水産省（2016） 肥料をめぐる情勢 [15]
http：//www.maff.go.jp/j/seisan/sien/sizai/s_hiryo/attach/pdf/past-2.pdf

経済産業省（2017） Census of Manufacture 2017 [14]
http：//www.meti.go.jp/english/statistics/tyo/kougyo/index.html

総務省(2018) 平成30年版地方財政白書ビジュアル版　　　　　　　　　　　　　　　　　[6]
http://www.soumu.go.jp/iken/zaisei/30data/2018data/30010000.html
(アクセス日 2018年8月24日)

国土交通省(2018) 平成30年版国土交通白書　　　　　　　　　　　　　　　　　　　　[22]
http://www.mlit.go.jp/hakusyo/mlit/h29/hakusho/h30/pdf/np202000.pdf

環境省(2017) *Impacts of pesticide use on dragon flies and wild bees in Japan (in Japanese)*　[32]
https://www.env.go.jp/water/dojo/noyaku/ecol_risk/konchurui.pdf

環境省(2017) 我が国における農薬がトンボ類及び野生ハナバチ類に与える影響について　　[34]
https://www.env.go.jp/water/dojo/noyaku/ecol_risk/konchurui.pdf

環境省(2014-2016) 農薬の環境影響調査業務報告書　　　　　　　　　　　　　　　　　　[33]
https://www.env.go.jp/water/dojo/noyaku/ecol_risk/post_2.html

財務省(2014) 社会資本整備を巡る現状と課題　　　　　　　　　　　　　　　　　　　　[21]
https://www.mof.go.jp/about_mof/councils/fiscal_system_council/sub-of_fiscal_system/
proceedings/material/zaiseia261020/01.pdf

OECD (2019) *Digital Opportunities for Better Agricultural Policies：　　　　　　　　　　　[26]
Insights from Agri-Environmental Policies, COM/TAD/CA/ENV/EPOC (2018) 3/FINAL*

OECD (2019) "OECD FDI regulatory restrictiveness index",　　　　　　　　　　　　　　[11]
OECD International Direct Investment Statistics (database)
https://dx.doi.org/10.1787/g2g55501-en
(accessed on 21 January 2019)

OECD (2018) *Broadband Portal (database)*　　　　　　　　　　　　　　　　　　　　　[25]
http://dx.doi.org/www.oecd.org/sti/broadband/broadband-statistics/

OECD (2018) "OECD Economic Outlook No. 103 (Edition 2018/1)",　　　　　　　　　　[2]
OECD Economic Outlook：Statistics and Projections (database)
https://dx.doi.org/10.1787/494f29a4-en
(accessed on 21 January 2019)

OECD (2017) *Financing SMEs and Entrepreneurs 2017：An OECD Scoreboard,*　　　　　[17]
OECD Publishing, Paris
https://dx.doi.org/10.1787/fin_sme_ent-2017-en

OECD (2017) *OECD Economic Surveys：Japan 2017,* OECD Publishing, Paris　　　　　　[1]
https://dx.doi.org/10.1787/eco_surveys-jpn-2017-en.

OECD (2016) *OECD Territorial Reviews：Japan 2016,* OECD Territorial Reviews,　　　　[5]
OECD Publishing, Paris
http://dx.doi.org/10.1787/9789264250543-en

OECD (2015) *OECD Economic Surveys：Japan 2015,* OECD Publishing, Paris　　　　　　[12]
https://dx.doi.org/10.1787/eco_surveys-jpn-2015-en

OECD (2013) *OECD Economic Surveys：Japan 2013,* OECD Publishing, Paris　　　　　　[13]
https://dx.doi.org/10.1787/eco_surveys-jpn-2013-en

OECD (2010) *OECD Environmental Performance Reviews：Japan 2010,*　　　　　　　　[28]
OECD Environmental Performance Reviews, OECD Publishing, Paris
https://dx.doi.org/10.1787/9789264087873-en

Shobayashi, M., Y. Kinoshita and M. Takeda (2010) "Issues and Options Relating to　　　[40]
Sustainable Management of Irrigation Water in Japan：A Conceptual Discussion",
International Journal of Water Resources Development, Vol. 26/3, pp. 351-364
http://dx.doi.org/10.1080/07900627.2010.492609

三井住友信託銀行 (2013) 日米農業金融の相違から見えるもの [16]
https：//www.smtb.jp/others/report/economy/10_3.pdf
三井住友信託銀行調査月報 2013 年 2 月号

UNCTAD (2018) *UNCTAD ｜ Trade Analysis Information System (TRAINS)* [9]
https：//unctad.org/en/Pages/DITC/Trade-Analysis/Non-Tariff-Measures/NTMs trains.aspx
(accessed on 21 August 2018)

US EPA (2019) *About Pesticide Registration* [35]
https：//www.epa.gov/pesticide-registration/about-pesticide-registration

WEF (2017) *The Global Competitiveness Report 2017-2018：Full data edition* [3]
http：//reports.weforum.org/global-competitiveness-index-2017-2018/

World Bank (2018) *Worldwide Governance Indicators (database)* [4]
http：//info.worldbank.org/governance/wgi/#home

WTO (2018) *World Tariff Profiles 2018 (database)*
http：//www.wto.org/statistics [8]

WTO (2017) *Trade policy review of Japan* [7]
https：//www.wto.org/english/tratop_e/tpr_e/s351_e.pdf

Chapter 4
日本の農業政策環境

農業のイノベーション力を強化し環境パフォーマンスを改善するためには、イノベーションや起業をより促進すること、また持続可能性に関する政策目的を設定し、一貫性のある農業政策を整備することが必要である。日本の農業構造が進展していることから、プロ農家が必要とする政策支援は多様化している。また世界的にもバリューチェーンが統合度合いを深めており、このことも政策支援の多様化を促進している。本章では農業政策の進展を概観し、農業政策が持つ、構造調整、環境パフォーマンス、イノベーションに対する効果について議論する。

4.1 農業政策の目的

　現在の農業政策の方向性及び目的は、それまでの農業基本法に代わるものとして1999年に制定された食料・農業・農村基本法に定められている。新基本法で政府は、今後10年程度の中期的な政策の方向性を示す食料・農業・農村基本計画の策定を義務付け、おおよそ5年後にこれが改定されている。新基本法は1）安定的な食糧供給、2）農業の多面的機能の維持発揮、3）持続的な農業の発展、4）農業と農村地域の振興という四つの基本的原則を示している。

　2013年12月、政府は新たな政策パッケージとして農林水産業・地域の活力創造プランを発表した。このパッケージでは、2011年に稲作農家への所得補償制度を導入して以来、最大ともいうべき農業政策の見直しの内容が示された。このプランでは、1）10年以内に農業所得及び農村所得を倍増、2）農林水産物の輸出を2020年までに1兆円まで倍増、3）農業への新規参入者数を倍増、4）10年以内に80%の農地を担い手農家に集積、5）10年以内に担い手農家によるコメ生産費用を40%低減するという五つの政策目標

が掲げられた。

この政策目標を達成するための施策として、1）輸出振興と地産地消による需要拡大、2）農業生産活動の加工や農村サービスなど分野への進出を通じたフードバリューチェーンの構築、3）経営規模の拡大、コメの生産調整制度の見直し、その他の補助金制度の見直しによる農業生産性の向上、4）農業の多面的機能を改善する新たな支払制度の四つの柱が示された。

この活力創造プランは2015年3月に改定された食料・農業・農村基本計画に反映された（Box 4.1.）。2016年1月には活力創造プランは改定され、農業競争力向上と農林水産物の輸出振興のための政策パッケージが追加された。この追加パッケージには、農業経営における投入コストを低減するための諸施策、収入保険制度の導入、生乳流通制度の改革、牛肉、酪農部門の生産性向上対策、農業のサプライチェーン改革、飼料用米の振興が含まれている。また、改定活力創造プランには、国際基準に沿った生産、知的所有権の保護、日本食や食文化の振興により農林水産物の輸出を増大させることも掲げられている。この活力創造プランは、続く2017年12月、2018年6月にも改定され、農地制度改革や農業におけるICTの振興などの政策が順次盛り込まれた。

Box 4.1.
食料・農業・農村基本計画

2014年時点での日本の食料自給率はカロリーベースで39％、生産額ベースで64％であった。基本計画の下で政府は2025年までにカロリーベースの自給率を45％、生産額ベースの自給率を73％に向上させるとした。

2015年に制定された基本計画は、潜在的な食料生産能力を評価する食料自給力という新たな指標も導入した。この新たな指標の目的は日本の食料安全保障の潜在力について一般国民の意識と理解を高めるために導入された。本指標では、複数の生産、消費シナリオの下で、仮に日本の全農地（耕作放棄地や花きなど食料以外が生産されている農地を含む。）で農業生産が行われた場合、国内でどの程度食料がカロリーベースで供給できるかを示し

ている。

　基本計画は 1）農業・食品産業の成長産業化を促進する産業政策、2）農業の多面的機能の維持・発揮を促進する地域政策を車の両輪とし、この二つの方針に沿って、以下の主要な政策が示されている（抜粋）。

- 農林水産物・食品の輸出促進、食品産業のグローバル展開の促進：オールジャパンでの輸出促進体制の整備、輸出阻害要因の解消等による輸出環境の整備のほか、日本食や日本の食文化の海外展開を促進。
- 6次産業化の戦略的推進：6次産業化を促進することにより、農産物や食品等の生産・加工・流通過程におけるバリューチェーンを構築。
- 力強く持続可能な農業構造の実現に向けた担い手の育成・確保等：担い手（認定農業者。集落営農等）に対し、重点的に支援を実施。農業経営の法人化等を通じた経営発展、新規就農や人材の育成・確保等を推進。
- 担い手への農地集積・集約化と農地の確保：農地中間管理機構をフル稼働させ、担い手への集積・集約化を推進。荒廃農地の発生防止・解消等を推進。
- コメ政策改革の着実な推進等：コメ政策改革の着実な推進により需要に応じた生産を推進するとともに、水田をフルに活用し、食料自給率・食料自給力の維持向上を図るため、飼料用米等の戦略作物の生産拡大を推進。
- 多面的機能支払制度等の着実な推進：家族農業経営や法人経営、地域住民等も含め、地域全体の共同活動により、地域資源の維持・継承を推進。生産条件が不利な中山間地域等における営農の継続に対する支援を実施。
- 農村への移住・定住等の促進や鳥獣被害への対応：観光・教育、福祉等と連携した都市農村交流、多様な人材の都市から農村への移住・定住を促進。また、鳥獣被害対策の体制強化、捕獲した鳥獣の食肉利用など地域資源としての有効活用等を推進。
- 農協と農業委員会：意欲ある農業の担い手が活躍しやすい環境となるよう、農協・農業委員会の改革を実施。

出典：農林水産省、(2015)、食料・農業・農村基本計画の概要
　　　http://www.maff.go.jp/j/pr/annual/pdf/kihon_keikaku_0416.pdf

4.2　農業政策の概観

日本はこれまで、徐々に農業生産者への支持を減少させているが、OECD加盟国の中で比較した場合、その変化は緩やかなものと言える。2015〜17年の生産者支持推定額（PSE）は粗農業収入の46%程度であり、1986〜88年の63%からは減少したもののOECD平均よりは引き続き相当高くなっている（図4.1）。要素としては、主に国境措置や国内価格支持政策によりもたらされる市場価格支持（MPS）が大半を占めている。生産者価格は世界市場価格よりも平均で72%高く、2015〜17年のデータでは、コメ、牛乳及び豚肉で日本の市場価格支持の総額の半分を占めている。

図4.1. 日本の生産者支持推定額（PSE）の推移、1995〜2017年
農業粗収入に占める割合

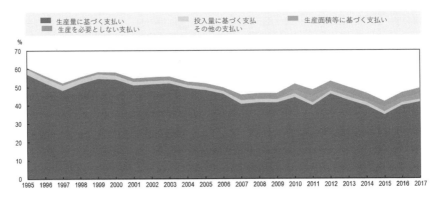

出典：OECD（2018 [2]）"Agricultural support estimates (Edition 2018)", *OECD Agriculture Statistics* (database)
https://doi.org/10.1787/a195b18a-en

潜在的に最も市場歪曲性が高いとされる支持形態（市場価格支持、生産量に基づく支払い、投入制限のない可変投入量に基づく支払い）の割合は低下したものの、依然としてPSEの85%を占めている。一方で、PSEに占める農家向け直接支払いの割合は、特に面積や所得に基づくものを中心に近年増加した。農業に対する支持推定総額（TSE）は2015〜17年で日本のGDPの1.0%であり、生産者支持（PSE）がその82%を占めている。残りの18%

は農業セクターに対する一般サービスへの財政支出（GSSE）という形で提供されている（図4.2.）。

2015～17年でGSSEの84%程度が灌漑施設や災害対策などのインフラの整備、維持に仕向けられている。日本のインフラ投資や維持に対する支出割合は他のOECD諸国と比較して極めて高く、これは水田農業のインフラ資本が相当な量に達していることを示している（図4.3.）。2015～17年のデータでは、インフラへの支出の40%が灌漑インフラの整備、維持に仕向けられている。これに対し、日本の農業の知識・イノベーションシステムへの支出割合はOECD加盟国中最も低い国々に分類され、2015～17年のデータではGSSEの12%ほどとなっている。

図4.2. 農業支持の内訳、2015～17年

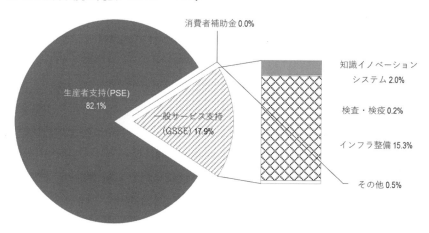

出典：OECD（2018 [2]）"Agricultural support estimates (Edition 2018)", *OECD Agriculture Statistics*（database）
https：//doi.org/10.1787/a195b18a-en

図 4.3. 一般サービス支持の内訳、2015 〜 17 年

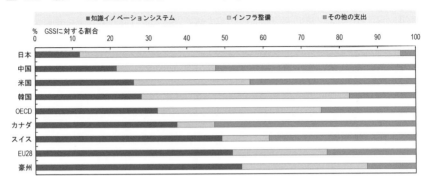

出典：OECD（2018 [2]）"Agricultural support estimates (Edition 2018)", *OECD Agriculture Statistics*（database）
https：//doi.org/10.1787/a195b18a-en

　この傾向を諸外国と比較すると、近年、EU、米国、スイスなどが特定の品目に対する支持の割合を大幅に減らしているのに対し、日本の場合、こうした支持が生産者支持のほぼ90％を占めている（図4.4.）。単一品目移転（SCT）の水準と構造は品目によって大きく異なっており、大麦、コメ、砂糖、牛乳、豚肉、キャベツ、ぶどうについてはSCTが当該品目の農業粗収入の50％を超えている（図4.5.）。

図 4.4. 単一品目移転（SCT）の割合の推移、1986 〜 2017 年
PSE に対するパーセント割合

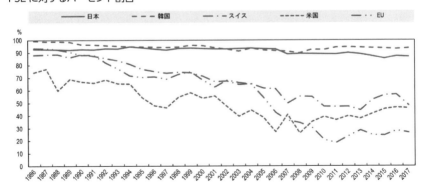

注：EU とは、1986 〜 94 年は EU12、1995 〜 2003 年は EU15、2004 〜 06 年は EU25、2007 〜 13 年は EU27、そして 2014 年以降は EU28 を指す。

出典:OECD (2018 [2]) "Agricultural support estimates (Edition 2018)", *OECD Agriculture Statistics* (database)
https://doi.org/10.1787/a195b18a-en

図 4.5. 日本の単一品目移転 (SCT)、2015 〜 17 年
各品目における農家品目総受取に占める割合

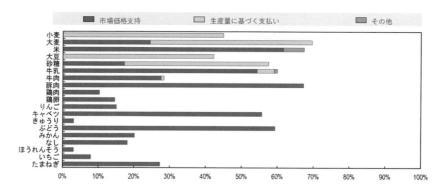

出典:OECD (2018 [2]) "Agricultural support estimates (Edition 2018)", *OECD Agriculture Statistics* (database)
https://doi.org/10.1787/a195b18a-en

4.3 農業貿易政策

　世界貿易機関（WTO）の定義によると、日本における農産物の平均関税率は16.3%と試算され、非農産物に対する関税率平均3.6%よりも高くなっている。また、農産物関税の標準偏差は33.4であり、これは農産物の品目間で関税率が大幅に異なることを示している。農産品のうち約4分の1が非関税である一方、390%の最大関税率（従価税換算）が課されている品目も存在する。また、17.5%の品目に関する関税は従価税ではない。

　関税割当制度は、コメ、小麦、大麦、乳製品などの主要農産品に適用されている。1993年に妥結したウルグアイラウンド農業交渉の結果、日本は農産物輸入に係るそれまでの量的制限措置をすべて関税割当てとした（コメについては1999年に関税割当てに移行した）。コメの枠外税率はキロ341円、ミニマムアクセス米の数量は68万2,200トン（精米換算）、コメのマークアップ価格の上限はキロ292円に設定されている。このことで、日本は基準期間内に国内消費量の少なくとも7.2%分を輸入しなければならないこととなった（ミニマムアクセス）[1]。しかし、コメの消費量が減少したため、2017年においてミニマムアクセス米輸入量は、国内コメ消費量の8.9%に相当する状況となっている。

　生鮮、冷蔵及び冷凍豚肉については、輸入価格が枝肉ベースで1kg当たり393円の分岐点価格を超える場合、4.3%の従価税が適用される。輸入価格が1kg当たり48.9円以下の場合、1kg当たり361円が特定従量税として課される。輸入価格が1kg当たり48.9円以上、分岐点価格以下の場合、輸入業者は実際の輸入価格と標準輸入価格の差額を支払う必要がある。豚肉の標準輸入価格は、分岐点価格に4.3%の従価税を加えたものであるため、分岐点価格が実質的に輸入豚肉の最低価格となっている。ウルグアイラウンド農業交渉の結果、枝肉の分岐点価格は、1994年のキロ447.6円から、2000年にはキロ393円へ、関税率は同時期に5%から4.3%へとそれぞれ引き下げられた。一方分岐点価格が譲許水準以下となったため、日本は緊急調整措置として分岐点価格を引き上げることができることとなった。

　WTO農業協定に従い、特別セーフガードが措置されている品目もあり、輸入急増により2017年度には2003年度以来初めて、牛肉輸入に対して緊

急セーフガードが発動された[2]。

二国間及び地域間経済連携協定の促進

2000年以降、日本は二国間及び地域間経済連携協定（EPA）を積極的に推進している。日本にとって初めてのEPA署名は2002年のシンガポールとのEPAであり、続いて2004年にメキシコとの間でEPAが締結された。日・メキシコEPAは、農産品分野が初めて含まれた合意であった。日本は、これまでに17のEPAが発効済みとしている（シンガポール、メキシコ、マレーシア、チリ、タイ、インドネシア、ブルネイ、ASEAN、フィリピン、スイス、ベトナム、インド、ペルー、オーストラリア、モンゴル、EU及び環太平洋パートナーシップに関する包括的及び先進的な協定（CPTPP））。現在、日本はコロンビア及びトルコとの二国間交渉、日中韓FTA、東アジア地域包括的経済連携（RCEP）等のEPA交渉に臨んでいる。

2018年3月、日本と10の国々がCPTPPに署名し、2018年12月に協定が発効した。CPTPPは、米国が2017年初頭に離脱した環太平洋パートナーシップ協定（TPP）の条文の大半が組み込まれている。CPTPPの下では、関税の撤廃や削減及び関税割当てにより、コメ、豚肉、乳製品、牛肉、小麦、大麦、砂糖等のセンシティブな品目を含んだ日本の農産物の市場アクセスが改善されると想定されている。

日本とEUは2018年7月にEPAに署名し、2019年2月に協定が発効した。日・EU EPAでは、乳製品、豚肉、牛肉、小麦を含むEUの農産物の日本市場へのアクセスが改善されるが、コメは除外されている。ハードタイプのチーズの輸入関税は15年間で徐々に撤廃される。また、ソフトタイプのチーズは関税割当てが創設され、1年目の2万トンから16年目の3万1千トンへと徐々に増加していき、割当量の範囲内の関税は15年間に段階的に廃止される。パスタ、ビスケット、チョコレートに対する関税は、5年又は10年で段階的に廃止される。牛肉と豚肉の関税についても段階的に削減される。また、日・EU EPAでは、特定の産地で生産された農産品及び酒類（地理的表示（GI））を保護するための特別な規則を設定した（Box 4.2.）。具体

的には、56 の日本の GI 産品（農産品 48、酒類 8 ）と 210 の EU の GI 産品（農産品 71、酒類 139）が保護されている。

Box 4.2.
日本の農産品地理的表示制度

　日本には、気候・風土・土壌などの生産地等の自然的特性や伝統的な生産方法が、品質等の特性に結びついている農産品が多く存在している。日本は、これらの産品の名称（地理的表示）を知的財産として登録し、保護する地理的表示保護制度を制定した。2015 年に「特定農林水産物等の名称の保護に関する法律」（地理的表示法）が施行された。当該法律により、農産品地理的表示の不正使用が取締まりの対象となった。

　地理的表示法に基づき、地域の生産業者の組織する団体（生産者団体）は、その生産する産品に係る「地理的表示」について、産品の登録申請をすることができる。その際、申請には産品の明細書及び生産行程管理業務規程等を作成する必要がある。また、産品が登録されるには産地との結びつきが必要であり、品質, 社会的評価その他の特性が当該産品の地理的原産地に主として帰せられるものでなくてはならない。GI 産品として登録されると、農林水産省が GI の使用状況を監視・規制を行う。2019 年 3 月現在、76 の農産品が GI 産品として登録されている。

　2017 年に地理的表示法が改正され、国際協定に基づく外国との相互 GI 保護が可能となった。日・EU EPA では、日本と EU はそれぞれの GI 産品を保護することに合意した。具体的には、48 の日本の農産品 GI（例：神戸牛）が EU 域内で保護され、71 の EU の農産品 GI（例：フランスの Roquefort 及びイタリアの Gorgonzola）が日本で保護される。地理的表示の使用は、真正の原産地が表示されている場合又は地理的表示が翻訳された上で使用される場合若しくは「種類(kind)」、「型(type)」、「様式(style)」の表現を伴う場合においても、GI 産品の要件を満たさないものである場合は日本及び EU においてその使用が禁止される。

政府は、EPA 締結に対応するため、2017 年に「総合的な TPP 等関連政策大綱」を決定した。農業は最も影響を受ける産業の一つであるとの観点から、農業政策に重点が置かれ、構造改革プログラム及び重要品目に対する支援措置が含まれる。構造改革プログラムには、1) 次世代を担う経営感覚に優れた担い手の育成、2) イノベーションによる農業競争力の強化、3) 畜産・酪農部門の収益力の強化、4) 農産物輸出の促進という四つの柱から成り立っている。2015 年度から 17 年度の間に、日本はこれらの対策に年平均 3,250 億円を措置した。

政府は、CPTTP と日・EU EPA の発効後において重要品目（コメ、小麦、甘味資源作物、牛肉、豚肉、乳製品）に対する政策支援を実施している。例えば、牛・豚に対する関税削減に対しては、従来から措置されていた肥育農家に対する経営安定対策事業（マルキン、粗収益が生産コストを下回った場合に差額の 8 割を補填していたもの）の補填率を 9 割に引き上げた。また、養豚農家に対しては、事業の中で生産者が積み立てる拠出額の負担比率を 50% から 25% に軽減した。

輸出促進施策

日本は、輸出促進に向けマーケティングの推進、品質・衛生基準の調和などを実施し、この 10 年間に農産物・食品の輸出促進政策を加速させた（Box 4.3.）。政府は 2019 年までに農林水産物の輸出額を 1 兆円に到達させるという目標を設定している。2018 年現在、農林水産品の輸出額は 9,070 億円であり、過去最高を記録し、これには日本産品に対する需要の増加及び公的・民間両部門における輸出促進への取組みが背景にある。輸出が増加した品目は、コメ、牛肉、イチゴ、緑茶、酒類（日本酒）、盆栽等、多岐にわたっている。

農林水産省は、2017 年 9 月にコメ海外市場拡大戦略プロジェクトを立ち上げた。このプロジェクトは、2019 年までにコメ製品の輸出量を 10 万トンまで増加させ、コメ輸出業者と安定供給可能な輸出用米の生産地との関係強化・拡大を目指している。2017 年には、日本の食品輸出 EXPO が初めて開催され、生産者、食品製造業者、商社等 300 社を超える企業が出展し、諸

外国のバイヤーとの商談が行われた。2017年に設立された日本食品海外プロモーションセンターは、海外の企業対消費者向けプロモーション及びブランディング事業の実施により、より強力に日本の農林水産品及び食品の輸出を促進することを目的としている。

Box 4.3.
日本の食品安全・規格基準政策

　2003年のBSEの発生を契機に日本の食品安全に関する制度の見直しが実施された。生産者と消費者の利益のバランスを図り、省庁間での協力体制を強化するため、食品安全政策の基本原則が確立され、独立したリスク評価機関として食品安全委員会が設立された。

　植物や動物に関する個々の検疫関連の規制に加え、食品衛生法は、WTOのSPS協定でカバーされる主要な規制となっている。食品安全と消費者選択の確保を目的とする食品表示制度の枠組みは、この食品衛生法及び農林物資の規格化等に関する法律（JAS法）に基づいている。。食品衛生法は、七つのアレルギー性原料（卵、牛乳、小麦、そば、ピーナッツ、えび、かに）の表示とともに遺伝子組換え食品についての安全性評価と表示を義務付けている。

　原産地表示は、2000年から生鮮品について国産の場合は産地である都道府県名、輸入品の場合は国名の表示を義務付けている。JAS法は農産物の品質に関する国内基準を定めているが、2001年から特定の加工食品について重量の半分を超える原材料の原産地の表示を義務付けるとともに、2004年には加工度の低い食品のほとんどをカバーする20品目の加工食品にその範囲を拡大した。2000年にはコーデックスガイドラインに基づき有機食品に対するJAS規格を設定し、有機表示を行うためには生産者は登録機関の認証の取得を義務付けた。

　2015年には食品表示法が成立し、食品衛生法、JAS法、健康増進法による食品表示制度が統合された。2017年にはJAS法が改正され、その規格の範囲を加工プロセス、サービス、管理システム、評価方法に拡大した。

4.4　国内農業政策

国内価格支持政策

　価格支持額（MPS）は国内価格に影響を与えるあらゆる政策の結果として消費者から生産者に移転された額を計測するものである。このような政策には関税や関税割当等の国境措置に加え、生産調整や行政価格、公的備蓄といった国内価格と国際価格の差を生む国内価格支持政策が含まれる。

コメ

　コメについては、1995年に主要食糧の需給及び価格の安定に関する法律の制定により、政府の役割を備蓄に限定されるとともにコメの流通が自由化されるまで、行政価格が設定されていた。その間、コメの消費量は人口の高齢化に伴う食料消費の減少、食生活の変化に伴う1人当たりのコメ消費量の減少により、年間8万トンのペースで減少を続けた。

　この40年間、政府は需要予測に基づきコメの生産目標数量を設定し、各都道府県に生産数量目標を配分する、いわゆる生産調整を続けてきた。生産数量目標はその後県内の各農家に配分されるか、国レベルでの生産量を維持するため各県間で取引された。このような政策はコメの供給を制限し、市場均衡価格より高い米価を維持する性格を有するものであった。2018年に、この生産調整は廃止され、市場の需要に応じて生産者が柔軟に生産できるような仕組みに改正された。政府は、価格、供給量、需要量、備蓄量などの詳しい市場情報を提供することにより農家の自主的な取組みを支援することとされた。一方で、主食用米から小麦や大豆など他の作物の転換を動機づける補助金は維持された。

　政府は2011年にコメの備蓄制度を見直し、公的備蓄の役割を不測の事態への対応であることを明確にし、国内米価に影響を与えるために公的備蓄を利用することを制限した。この見直し前は、コメは収穫後の12月頃に買い入れられ、毎年買入量は変動し、備蓄米は主食用に販売されていた。2011年以降は、公的備蓄用のコメは、適切な備蓄水準（100万トン）を維持する

ために、毎年一定量（国内生産の2％に相当する毎年20万トン程度）が作付け前に契約されることとなった。また備蓄米は入札により国内市場価格と近い価格で主に飼料として販売されることになった。

酪農

国内酪農政策は、飲用乳よりも価格が低く、国際競争にさらされている加工原料乳向けの生産者支援に焦点が当てられている。JAとも関係を有する中央酪農会議が1979年から自主的な供給管理制度を運営しており、ほぼすべての酪農家が参加している。中央酪農会議は生乳の目標生産量を公表し、地域組織を通じて酪農家に生産量を配分している。

農業所得支持、コスト低減政策

2000年に導入された中山間地域直接支払制度は、不利な農業生産条件により発生する農地の耕作放棄の増加を抑制するために導入された。生産条件が不利である一方、中山間地域における農業生産は土壌の流出の防止、水資源の保護、農村コミュニティーの維持、農村景観の維持に貢献している。

この直接支払いは、中山間地域と平地地域の生産コストの差の80％を補償するよう設計されている。受給者は5年以上耕作を継続することが求められ、洪水や土壌流出の防止、生物多様性の保護あるいは生態系の保全といった多面的機能をもたらす活動を実施しなければならない。2017年度には対象農地の84％にあたる66万3,000ヘクタールの農地がこの支払いの対象になっている。

2007年に制定された、農業の担い手に対する経営安定のための交付金の交付に関する法律（担い手経営安定法）は、耕種農業における担い手農家[3]向けの主要な三つの直接支払いを導入した。一つめは過去の作付け面積に基づくものであり、小麦、大麦、大豆、てん菜及びでん粉原料用ばれいしょを対象とするものである。この制度は他国に比較した国内農業の条件不利を補正することを目的としている。二つめは、同じ品目について生産量に基づく支払いである。これには品質により支払単価を変化させることにより生産物の品質向上を図る意図が含まれていた。しかしながら、2015年に同法は改

正され、過去の作付け面積に基づく支払いは現在の作付け面積に基づく支払いに変更され、なたね、そばが品目に追加された。また、農業経営の最低規模要件は廃止された。

　三つめの支払いは、農産物の価格変動による収入の不安定さを緩和するための支払いである。過去5年間のうち最低と最高を除く3年間の平均収入を基準に、当年との格差の90%を補償する内容となっている。この支払いの対象品目は、上記の二つの支払いの対象とコメである。この支払いの原資は、政府と参加農家がそれぞれ3対1で拠出した基金であり、他の二つの支払い制度と同様、2015年に最低規模要件は廃止された。

　2011年には政府により配分された生産数量目標を守る稲作農家に対する所得補償支払いが導入された。支払いは現在の生産面積に基づいて行われ、固定部分と米価連動部分により構成されている。しかしながら2014年には米価連動部分は廃止されるとともに固定部分は単価が10アール当たり7,500円に50%削減された。この支払いはその後4年間継続したが2018年に廃止された。

　政府は主食用米から飼料用米、加工用米、小麦、大豆への転換を促すインセンティブは維持した。支払いの額を増額するとともに、主食用米からその他の作物へと転換する稲作農家を支援する数量支払いも導入した。

　加工原料乳への支払いは、北海道など酪農が集中する地域での牛乳生産を確保するために導入されている。2001年にこの支払いは見直され、生産費用に基づき算定された固定単価（2018年で10.56円）による生産数量に基づく支払いに転換された。2018年には生乳の生産流通制度の見直しが行われた。従前、加工原料乳への支払制度は、全国10の指定生乳団体に出荷した生産者のみに支払われ、実際、97%の農家がこの組合に出荷していた。見直し後は、政府に年間販売計画を提出するとの条件の下、生乳の出荷先にかかわらず、すべての生産者に補助金が支払われるようになった。この見直しは酪農家が最適な出荷先を選択することを促し、生乳の流通システムの合理化に資するものである。

農家のリスク管理を支援する政策

価格及び所得安定支払い

日本は、所得支持政策に加え、品目別のリスク管理政策を数多く導入してきた。主なものとしては、肉用子牛、果樹、野菜その他の品目について、過去の平均市場価格の差の一部又は全部を補塡するものが挙げられる。野菜については国、都道府県、生産者が共同で野菜生産出荷安定基金を設立し、14種の野菜について原則季節ごとの平均市場価格と保証基準価格（過去6年間の平均卸売価格の90％）の差の90％を補塡している。その他35種類の野菜に対しては都道府県段階で同様の制度が設けられている。

畜産部門では肉用子牛生産者補給金制度が1990年に導入されている。この不足払い制度では、肉用子牛の再生産を維持する保証基準価格、国際価格や国内の生産コストを考慮に入れて保証基準価格より低い水準で設定される合理化目標価格の二つの価格が設定されている。これらの支払いのため、国による基金と、生産者、国及び地方公共団体の三者による基金の二つが設立され、子牛が上記二つの価格のいずれかより低い価格で売り渡された場合に支払いが行われる。仮に平均市場価格が合理化目標価格と保証基準価格の間に収まる場合には、支払い国による基金から行われる。一方、平均市場価格が合理化目標価格を下回った場合には、合理化目標価格と平均市場価格の差の90％は、三者による基金により支払われることになる。

補塡の仕組みは肥育農家向けにも講じられ、標準的販売価格と標準的生産費の90％が補塡される。生産者は、支払原資の25％を拠出することとなっている。同様の制度は養豚、養鶏農家にも存在し、それぞれ生産者は原資の25％、75％を拠出することとなっている。

農業保険制度

1947年以来、政府は災害時の収量リスクに対応した農業共済制度を講じており、その制度の中では、一般的に政府は保険料のおよそ50％を負担することとなっている。現在の農業共済は、コメ、麦、畜産物、果樹、畑作物、蚕繭及び施設園芸に対し主に品目特定的な収量リスクをカバーしている。

2019年に、政府は市場価格と収量の変動を両方考慮し農業収入全般をカバーする収入保険を導入した。新たな制度での基準額は、農業共済をはじめとする現在の制度のように、品目ごとに計算されるものではなく、農家のすべての農業収入をもとに計算される。新たな収入保険制度の下では、個々の農家の過去5年の平均収入が一般的に基準収入として設定され、当年の収入が10%以上減少した場合、基準収入の90%からの減少分の90%を補填されることとなる。農家は保険の発動水準を基準価格の50%から80%の間で自ら設定でき、補償率も50%から90%の間で選択できる。さらに農家は発動水準を基準収入の90%に引き上げるための互助基金への参加が選択可能である。保険料は農家のリスク等級により決定され、参加には複式簿記に基づく税務申告が必要になる。政府は保険料の50%、互助基金の75%をカバーする。

また、従来一定規模以上のコメ、小麦、大麦生産者へ課せられていた農業共済への強制加入要件が2019年に廃止され、農家は自由にリスク管理プログラムを選べるようになった。他方、収入保険は収入減少影響緩和対策、品目別の価格安定対策のような他のリスク管理プログラムと同時に加入することはできない。さらに、肥育牛や肉用子牛の生産者、豚、採卵鶏の生産者は、他の収入補償制度の対象となっているため、収入保険制度の対象からは除かれている。

これらのリスク管理措置に加え、生産者は、自然災害による農地や農業施設が損害を受けた際に復旧支援の対象とされている。原則として、政府は農地の復旧費用の50%（農業施設の場合は65%）をカバーするが、復旧費用が増加する場合はさらに高い補助率が適用される。日本政策金融公庫は、自然災害や家畜伝染病、あるいはその他の経済的社会的リスクの影響を受けた担い手農家に対し、低利のセーフティーネット資金を提供している。

他のOECD諸国の経験によれば、仮にリスク管理政策が完全に農家リスクをカバーする場合、1）農家がリスクの高い生産に特化する誘因を増加させる、2）市場化が可能なリスクなど他のリスク管理措置を排除し、農家が取るべきリスクを納税者に転嫁するとの事態が発生する、との指摘がなされている（OECD、2011[3]）。こうした事態を避ける対策としては、政府は通常の生産、価格、天候変動により生じるリスクを管理するための自主的なリ

スク管理プログラムの提供が可能である。その一つの例が、カナダ等で取り入れられている、政府からの支払いと農家の貯蓄口座とを紐づける仕組みである（Box 4.4.）。

> **Box 4.4.**
> **通常のビジネスリスクを管理するための**
> **自主的リスク管理プログラム**
>
> 　カナダの AgriInvest プログラムや他の OECD 加盟国での経験に基づき提案される農家リスク口座とは、一定の所得の減少やリスクを低減するための農業経営への投資のための政府からの支払いと紐づいた生産者の貯蓄口座である（OECD、2016 [4]）。
>
> 　農家への直接支払いの一部は特定の貯蓄口座に入金され、市場変動や予期しない天候などの経営上のリスクによる所得減少があった際に引き出される。農家にこの口座への貯蓄を促すため、入金された直接支払いは農家の課税収入から除くことができ、収入減少があった際の引き出しや、農家の退職時の年金に充てるためこの口座が閉鎖される際にも、免税を受けることができる。農業経営による一時的な収入減少が発生した際は、この農家リスク口座の利用を義務付け、引き出しは基準収入の 80% を下回る収入減少があった場合など収入が一定割合以上に低下した場合に限定できる。この水準は、通常農家の自己責任により管理すべきビジネスリスクの範囲と考えることが可能である。
>
> 出典：Gray et al.（2017 [5]）"Evaluation of the relevance of border protection for agriculture in Switzerland", *OECD Food, Agriculture and Fisheries Papers*, No. 109, OECD Publishing, Paris
> https：//doi.org/10.1787/6e3dc493-en

税制措置

　自然災害による農家所得への影響を軽減するため、日本の所得税法は所得申告において自然災害による農業資産の損害の3年間の繰延べを認めている。自営農家又は複数の収入減を持つ農家は所得申告が義務付けられているが、複式簿記に基づく申告を行う農家に対し、加速的な資本の減価償却、農業雇用に対する報酬の完全な控除など様々な税制優遇措置を設けている。さらに農家は、その損害の理由にかかわらず農家収入の損害を3年間（法人農家については9年間）繰り延べることができる。

　さらに、担い手経営安定法に基づく支払いを受けている農家は、複式簿記に基づく所得申告をしていることを条件として、支払いを将来の投資のための費用として積み立てることが可能である。積み立てられた支払いは、積立金が5年以内に農地、農業施設又は農業機械の取得に使われることを条件として申告所得から控除することができる。また積立金を利用してこれらの資産を取得した年に累進的にな原価償却率が適用される。

　農家向けの重油免税措置、施設園芸の加温用等に使われる農業用重油の輸入者及び製造者は石油石炭税の免除等も講じられている。また2021年までの時限措置として、農家は農業機械用の軽油取引税の免除が受けられることとなっている。

4.5 農業環境政策

日本の農業環境政策の歴史は比較的浅い。1999年、食料・農業・農村基本法において、農業の自然循環機能の促進を図るために、農薬と肥料の適切な使用や家畜排泄物の有効な使用を確保することが規定された。また同年、エコファーマーの認定制度も制定され、本制度では、都道府県が持続可能な生産活動を導入するためのガイドラインを策定し、生産者は土壌改良ための堆肥施用、合成化学肥料や合成化学農薬の使用量の削減等、持続可能な農業生産を導入するための5年間の計画を都道府県に提出することが求められる。提出された導入計画が適当であると認められた場合、その農業者はエコファーマー認定を受けることができ、さらに認定を更新する場合は、持続可能な農業生産方法の追加的な導入が必要となっている。2017年現在、認定エコファーマー数は11万1,864人であるが、これは全販売農家の10%に満たない。

農業部門の環境パフォーマンスの改善は政策目標と位置付けられているが、定量的な目標は国・地方いずれの段階においても設定されていない。今後定量的な政策目標と行動計画を作成するに当たっては、農業が環境に与える影響についての、国及び地方の両段階における体系的評価が必要となるであろう（Box 4.5）。

Box 4.5.
スイスにおける農業環境モニタリング

スイスでは、国の持続可能な開発戦略において、農業が重要な役割を果たすとされており、連邦政府は、土壌の栄養バランス、農薬、アンモニア、生物多様性等を含む中期的な農業環境目標を設定している。

連邦農業局は、連邦農業法（第185条）及び農業の持続可能性の評価に関する政令に基づき、農業が環境に与える影響を評価するための環境モニタリング（AEM）を実施している。農業環境指標（AEI）は六つの領域（窒素、リン、エネルギー・気候、水、土壌、生物多様性）と二つの指標（推進力

と環境影響）により構成される。AEM は 17 の項目からなる AEI に基づき行われる。AEI の開発及び一元的な AEI の評価は、農業持続可能科学研究所（Institute for Sustainability Sciences at Agroscope）で実施されている。2009 年以降、AEI 算出のため国内 300 の農場で、地域別、農場の種類別に環境情報が収集されている。

出典：OECD（2015 [6]）　*OECD Review of Agricultural Policies：Switzerland 2015*
　　　https：//dx.doi.org/10.1787/9789264168039-en

　農業環境政策の枠組設計のためには、達成すべき目標と順守すべき環境水準（リファレンスレベル）を規定する必要がある[4]。2005 年には、「環境と調和のとれた農業生産活動規範」が策定され、環境保全のために農業者が導入することが期待される活動がリスト化された。日本では、この規範が、農業者が法規制を超え順守すべき環境水準（リファレンスレベル）と位置付けられている（図 4.6.）。経営所得安定対策等の主要な事業には、本規範の順守が要件化されている。一方で、この規範には、気候変動の緩和、生物多様性、景観管理、EU における動物愛護政策のような活動は包含されていない（Box 4.6.）。

　環境規範の順守を要件化することで、各種事業と環境政策目標との整合性が高まる一方で、他の OECD 諸国の例によると、このような要件化を伴う場合、要件の内容が地域の多様な農業慣行や地域条件に合致しないと効果的でないことが分かっている。さらに、先行文献によると、特定の生産慣行を予め設定する手法は、事後的な環境パフォーマンスの評価が行われないことから、生産者が環境パフォーマンス向上に向けた最も費用対効果の高い方法を採用することを保証するものではないことが示されている（OECD、2019 [7]）。

図 4.6. 日本の農業環境政策の構造

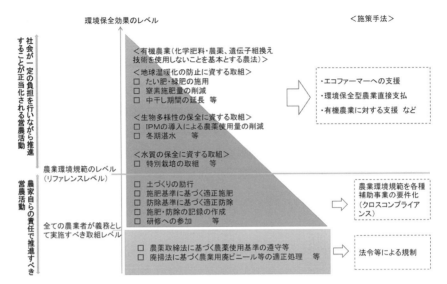

出典：農林水産省（2018[8]））、環境保全型農業の推進について（平成 28 年 4 月）
http：//www.maff.go.jp/j/seisan/kankyo/hozen_type/pdf/suisin_280401.pdf

Box 4.6.
EU における農業支持の義務的環境要件

　EU の共通農業政策（CAP）に基づく直接支払いは、一般的に環境水準の順守が義務付けられ、条件が満たされない場合には支払いが中断され、罰則が適用される場合がある。順守が求められる環境水準の内容には、全般的な環境、気候変動、農地の状態に加え公衆衛生、動植物衛生及び動物福祉の分野も含まれている。この要件化は、耕作放棄地を含むすべての農地を対象とした直接支払いと環境農村開発プログラムの支払いに適用されている。

　また、この要件の内容は、環境、食品安全、動植物衛生、動物福祉の分野の法的基準の実施（18 の EU 指令及び規制）に関わる法定管理要件（Statutory Management Requirements）及び農地の農業環境条件（Good Agricultural and Environmental Condition（GAEC））基準を組み合わせたものとなっている。

　GAEC 基準では、水質、覆土・浸食、生物多様性・生息地、動植物及び

景観保全に関する最低限の農業生産慣行を規定しており、侵食を防ぐ水路沿いの緩衝帯、最小限の土壌被覆、浸食を防止するための土地管理、土壌中の有機物レベルの管理、景観保全についても基準を設定している。

出典：OECD（2017 [9]）*Evaluation of Agricultural Policy Reforms in the European Union：The Common Agricultural Policy 2014-20*
https：//dx.doi.org/10.1787/9789264278783-en

　2007年、農地・水・環境保全向上対策の一環として、日本で初めて環境支払いの制度が導入された。本制度は、該当地域における従来の農法と比較して、自発的に化学肥料や農薬の使用を半分以上削減する取組みを支援するものとなっていた。次いで2011年に、この支払いは環境保全型農業への直接支払いへと発展し、化学肥料や農薬の使用量の削減に加えて、農業者は有機農法、カバークロップの植付け、堆肥の使用等、環境に優しい生産方法のいずれかに取り組んだ場合、支払いが行われることとされた。加えて各都道府県は、地域固有の事情に合わせた要件を追加することができる。2018年には支払要件が改定され、農業生産工程管理（GAP）を実践する農業者のみが支払いを受け取ることができることとなった。また農業者はGAPに関する研修の参加及びGAPの実施評価に関する報告の提出が求められる[5]。

　しかし、環境支払いの対象は、現時点では日本の農地面積の約2％を占めるに過ぎない。2015年から17年の3年間のデータによると、環境支払いをはじめ生産者に自主的に高い環境水準を達成することを促す支払いが生産者支持額に占める割合は、EUで9％、米国では13％であったのに対し、日本では0.2％であった（図4.7）。さらに、2015～17年における、環境水準の順守を受給の義務的条件とする支払いの割合は、日本では生産者支持の6％であったのに対し、EUでは51％を占めた。このように自主的又は義務的条件として特定の生産慣行を採用することを条件とする支払いは、生産者に対する財政移転の30％を占めるが、これはEU及び米国における割合よりも低いものとなっている。

図 4.7. 特定の生産慣行の実施を条件とした政策支持、2015 〜 17 年
PSE に占めるパーセント割合

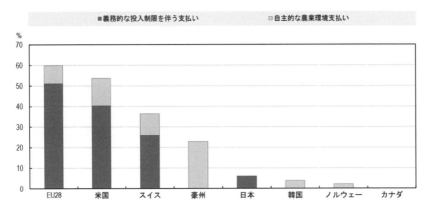

注：義務的な投入制限を伴う支払いとは、生産者の一定の環境水準の順守義務を直接支払いの受給の要件とするものを指し、自主的な環境支払いとは、通常義務的な順守すべき環境水準を超えて生産者が任意で環境改善に取り組む支払いを指す。

出典：OECD（2018 [2]）、"Agricultural support estimates（Edition 2018）"、OECD Agriculture Statistics（database）
https：//doi.org/10.1787/a195b18a-en.

　有機農業については、日本でも徐々に増加しているものの対象面積は農地全体の僅か 0.5% に過ぎない。2006 年に有機農業の推進に関する法律が制定され、同法に基づき政府は有機農業に関する研究・開発や普及事業を促進、消費者の有機農業に対する意識の向上、県や市町村のレベルの有機農業促進計画の策定に取り組んでいる。また 2000 年には、農林水産省は有機食品に対する JAS 規格を制定し、認証された事業者のみが有機マークを表示することができる制度を導入した（Box 4.3.）。

　環境に配慮した産品に関する民間の基準や、地域の生物多様性に配慮した産品を認証する独自の表示制度を持つ地方自治体や生産者団体も存在する。2010 年、農林水産省は、こうした自主的な基準制度を実施するための優良事例を取りまとめ、現在、約 30 〜 40 の農産物が生物多様性に関する民間基準によって認証されている（荘林、佐々木、2018 [10]）。

　日本の農業政策においては、これまで政府が中心的な役割を果たしてきた。しかし、水質や生物多様性等の公共財は地域の環境と密接に関係している（OECD、2015 [11]）。地域の公共財に関する意思決定及び資金調達に

ついては地方公共団体レベルによる取組みの方が優位と考えられる（van Tongeren、2008[12]）。実際、地方自治体段階で、計画の策定や地域に適応した環境目標及び順守すべき環境水準（リファレンスレベル）の設定等、地域農業環境政策を立案、実施する例もある（Box 4.7.）。

> Box 4.7.
> **地域の農業環境政策―滋賀県の場合**
>
> 　環境支払制度は地方自治体でも導入例がある。2001年、滋賀県は農薬の使用量を70％削減するという野心的な政策目標を設定し、農薬と無機肥料の使用量をその地域の従来使用に比して50％削減した生産者を対象とする環境認証制度を導入した[6]。また、泥水の発生を控えることといった、地域の状況に即したより幅広い順守すべき環境水準を条例で明確にした。2004年には、化学物質の投入量を50％以上削減する5年間の約束を県と締結した生産者に対し、環境支払事業を導入した。さらに2012年には、魚が繁殖のために琵琶湖から水田に遡上できるよう、共同で水位を上げることに取り組む農業者に対し、別途の農業環境支払いを導入した。これは、政府の環境保全型農業に対する支払事業の中で、地域特有の慣行を奨励するものと位置付けられている。

4.6　要点

- プロ農家が求める政策支援の形が進化してきている。政府は生産者の経営課題の解決やイノベーションに向けたビジネス機会の創造に焦点を当てた多様な政策ツールを提供すべきである。

- 日本は OECD 諸国の中で最も高い水準の支持を実施している国に含まれ、大半が品目特定支持であり、これは農家が需要に基づく生産を行う柔軟性を限定している。過去 10 年の農政改革は経営安定対策等品目特定的でない支持の役割を増やした。2019 年の収入保険の導入はこうした改革の方向に向けた節目となる。

- コメ政策は、日本の農業政策の中心的位置を占めている。政府は長らくコメの生産と流通の統制を行ってきたが、2018 年のコメの生産調整及びコメの直接支払交付金の廃止は重要なステップであった。しかしながら、主食用米の生産からの転作を促す支払いにより主食用米の供給は事実上制限され続けている。

- 気候変動による自然災害の増加に伴い、農家がより市場や生産リスクにさらされることから、今後リスク管理プログラムの役割が増加することが見込まれる。収入保険の導入により生産者のリスク管理ツールの選択の幅は広がったが、他にも類似の支払いや保険制度があり、それぞれの政策の役割を不明確にしている。さらに、多くの支払いや保険は、通常の経営リスクと考えられる比較的小さな農業収入の低下により発動されることが多い。

- 生産者による健全なリスクテイク行動は農家レベルでのイノベーションの推進要因の一つである。現在のリスク管理プログラムの下では生産者がビジネスチャンスを生かすに当たり取るべきリスクがあまりに小さい。。

- 農業の環境パフォーマンスの改善は、農業部門の政策目標として設定されているものの、定量的な目標は国及び地域のいずれの段階でも設定されていない。加えて、政策目標の設定及び政策のモニタリングを行うために必要な、農業環境パフォーマンスの体系的評価は、国・地方どちらにおいても実施されていない。

- 日本の農業環境支払いのカバー率は低く、環境保全型農業直接支払交付金の対象となっている耕作地の割合は、全体の 2% 以下に留まっている。政策担当者は、農業環境支払事業に参加していない大多数の農業者の環境パフォーマンスを改善する方策に着目する必要がある。

注

1 日本は、二種類の経路を通じコメの輸入要件を満たしている。一つは通常のミニマムアクセス（OMA）であり、もう一つは売買同時契約（SBS）入札制度である。ミニマムアクセスによる割当て[2]が、コメ輸入の主な経路となっており、本経路を通じ輸入されたコメは一旦在庫倉庫に保管され、その後加工食品用及び食糧援助用に販売される。一方で、SBS入札制度を通じて輸入されたコメは主食用米として販売されているが、当該コメの輸入が国産米の価格や主食用米の自給率に影響を及ぼさないように、同等量の政府が購入した国産米が食糧援助及び飼料用米に振り向けられている（OECD、2009 [13]）。

2 ウルグアイラウンド農業合意では、冷蔵牛肉又は冷凍牛肉それぞれの年度初めから各月末までの累計輸入量が、四半期ごとに設定される法定の発動基準数量（対前年度同期の輸入量の117%）を超過した場合、緊急措置をとることが許容されている。この場合、現行より高い関税率50%が、残りの年度又は翌会計年度の第1四半期に適用される。

3 担い手農家とは効率的かつ安定的な農業経営に既になっている、もしくはなろうとしている農家と定義される。担い手農家は次の二つの基本的要件を満たす農業経営である：1）市町村長によりその農業経営計画が認定された認定農業者及び認定新規就農者 2）農業経営を共同して行う集落営農組織

4 順守すべき環境水準（リファレンスレベル）とは、生産者自らの責任で順守すべき最低環境水準と定義される。環境目標とは、順守すべき最低環境水準を超えた目指すべき環境水準と定義される（OECD、2001 [14]）。

5 農林水産省は、より幅広い持続可能な生産方法に関する基準を含むGAPを実施する生産者への支援を強化した。2010年にはGAPに関する統合されたガイドラインを発行した。農林水産省は、2020年までにGAP認証を取得する生産者の数を3倍に増やし、2030年までにGAPアドバイザーや研修活動への支援強化を通じ、ほぼすべての生産地域にGAPの適用を拡大することを目指している。なお、GAPを実施する生産者を優先採択する事業の種類も近年増加している。

6 本政策は、1970年代に県が県面積の6分の1を占める湖への化学物質の流入を削減するために始めた取組みを汲んだものである。当初の目標は、厳格な規制により下水設備や製造業者等の点源からの排出量を削減することであったが、一連の取組みの結果、湖への総排出量に占めるこれらの点源からの排出割合は徐々に減少した。そのため、非点源、特に農業部門に対する政策措置が次に必要となった（OECD、2013 [15]）。

参考文献

Gray, E. et al. (2017) "Evaluation of the relevance of border protection for agriculture in Switzerland", OECD Food, Agriculture and Fisheries Papers, No. 109, OECD Publishing, Paris
https：//dx.doi.org/10.1787/6e3dc493-en [5]

農林水産省（2018） 環境保全型農業の推進について（平成 28 年 4 月）
http：//www.maff.go.jp/j/seisan/kankyo/hozen_type/pdf/suisin_280401.pdf [8]

農林水産省（2015） 食料・農業・農村基本計画の概要
http：//www.maff.go.jp/j/pr/annual/pdf/kihon_keikaku_0416.pdf [1]

OECD (2019) Economic and Environmental Sustainability Performance of Environmental Policies in Agriculture：a literature review, COM/TAD/CA/ENV/EPOC (2018) 3/FINAL. [7]

OECD (2018) "Agricultural support estimates (Edition 2018)", OECD Agriculture Statistics (database)
https：//dx.doi.org/10.1787/a195b18a-en
(accessed on 5 March 2019) [2]

OECD (2017) Evaluation of Agricultural Policy Reforms in the European Union：The Common Agricultural Policy 2014-20, OECD Publishing, Paris
https：//dx.doi.org/10.1787/9789264278783-en [9]

OECD (2016) Agricultural Policy Monitoring and Evaluation 2016, OECD Publishing, Paris
https：//dx.doi.org/10.1787/agr_pol-2016-en [4]

OECD (2015) OECD Review of Agricultural Policies：Switzerland 2015, OECD Review of Agricultural Policies, OECD Publishing, Paris
https：//dx.doi.org/10.1787/9789264168039-en [6]

OECD (2015) Public Goods and Externalities：Agri-environmental Policy Measures in Selected OECD Countries, OECD Publishing, Paris
https：//dx.doi.org/10.1787/9789264239821-en [11]

OECD (2013) "Japan case study", in Providing Agri-environmental Public Goods through Collective Action, OECD Publishing, Paris
https：//dx.doi.org/10.1787/9789264197213-14-en [15]

OECD (2011) Managing Risk in Agriculture：Policy Assessment and Design, OECD Publishing, Paris
http：//dx.doi.org/10.1787/9789264116146-en [3]

OECD (2009) Evaluation of Agricultural Policy Reforms in Japan, OECD Publishing, Paris
https：//dx.doi.org/10.1787/9789264061545-en [13]

OECD (2001) Improving the Environmental Performance of Agriculture：Policy options and market approaches, OECD Publishing, Paris
https：//dx.doi.org/10.1787/9789264033801-en [14]

荘林 幹太郎、佐々木 宏樹（2018） 日本の農業環境政策―持続的な美しい農業・農村を目指して、農林統計協会― [10]

van Tongeren, F. (2008) "Agricultural Policy Design and Implementation：A Synthesis", OECD Food, Agriculture and Fisheries Papers, No. 7, OECD Publishing, Paris,
https：//dx.doi.org/10.1787/243786286663 [12]

Chapter 5
日本の農業イノベーションシステム

イノベーション政策は、研究開発（R&D）と特定の技術に主眼を置いた供給主導型のアプローチから、食品・農業部門が直面する新規かつ喫緊の課題に対応するために、ネットワークを基盤としたより包摂的で参加型のアプローチを通じたイノベーションの促進へ移行している。本章では、日本における農業イノベーションシステムについて説明し、その近年の変化について概説する。具体的には、日本の一般的なイノベーションシステムの概観、農業イノベーションの主体とイノベーションシステムのガバナンス体系、R&Dの役割とテーマの変遷、そして主要な政策手段とモニタリングについて説明する。その後、R&Dへの官民投資の主な傾向、資金調達メカニズム、そして知識市場とネットワークを促進するための手段をレビューする。

イノベーションのスタンダードなモデルは、これまで供給主導型のアプローチが主であった。つまり、公的研究機関の研究者が新技術の開発を担い、それを公共団体の普及員が農業者に普及させる形式である。しかし、多くの国では、革新的な知識・技術が現場レベルではなかなか採用されないことへの懸念、そして新規かつ喫緊の課題への対応という二つの観点から、農業イノベーションシステム（Agricultural Innovation System：AIS）の見直しが行われている（IO、2012 [1]）。具体的には、R&Dの重要性はそのままに、イノベーション政策は、より的確に利用者の需要を反映し、より革新的な解決策を効率的に実施するために、様々な要素や主体を考慮した体系的なアプローチへ移行している（OECD、2010 [2]）。

5.1　日本のイノベーションシステムの一般的な特徴

　日本はすべての経済分野にわたる科学、技術、イノベーションの仕組みを有しており、そのインセンティブはすべてのセクターに及んでいる。日

本は、R&D 支出の GDP 比が 3％ を超える OECD 加盟国でも数少ない国の一つであり (OECD、2018[3])、R&D 全体に占める民間投資の割合は OECD 加盟国の中でも最も高いレベルにある (図5.1)。しかしながら、民間による R&D 投資の多くは大企業に集中しており、従業員数が 250 名以下の企業による投資は OECD 加盟国平均では全体の 33％ を占めるのに対して、日本では僅か 4％ である (OECD、2013[4])。

日本では人材の質が高く、OECD が行った成人教育調査においても成人の読解力 (literacy) 及び数的思考力 (numeracy) は参加国で最も高い数値を示した。その一方で、科学技術分野での博士課程に進学する学生数や世界的に高い影響力を持つ学術誌における論文掲載数の減少等から見られるように、科学技術分野における日本の潜在力は脅かされている現状にある。R&D への民間投資について言えば、日本は OECD 加盟国の中でも上位には位置しているが、支出の伸びは鈍化している (OECD、2016[6])。

官民による R&D 投資の水準は高いものの、公的研究機関と民間企業、あるいは分野を超えた連携状況は活発とは言えない。また、日本国外の研究者との共著論文数あるいは共同で取得した特許数については、日本は OECD 加盟国の中でも最も低い水準にある国の一つである (図5.1.)。

産学連携活動は未だ少数にとどまっており、また研究者個人の組織間あるいは他セクターへの流動性も限られている。多くの民間企業では、他社あるいは公的研究機関との連携に頼らず、自社内で技術開発を進める傾向にある。実際、日本では民間 R&D 支出の 99％ が民間企業内で実施されており、この場合、大学や公的研究機関等との連携の余地はほとんどない。しかし、このようなセクターごとに区切られたアプローチでは、セクター間で発生する重要なイノベーションの潜在力を生かすことが難しい。

日本は自国の強みである情報通信技術 (ICT) の利用に活路を見出している。2017 年 6 月、政府は新たな成長戦略となる「未来投資戦略 2017-Society 5.0 の実現に向けた改革」を閣議決定した。この戦略によれば、中長期的な成長を実現していく鍵は、近年急激に起きている第 4 次産業革命 (IoT、ビッグデータ、人工知能 (AI)、ロボット、シェアリングエコノミー等) のイノベーションを、あらゆる産業や社会生活に取り入れることにより、様々な社会的課題を解決する「Society 5.0」を実現することとしている。農業分野でも、

気象情報、農作物の生育情報、市場情報、食のトレンド・ニーズといった様々な情報を含むビッグデータを解析することで効率性の向上につながると考えられる。また、これに伴い社会全体としても食料の増産や安定供給、生産地での人手不足問題の解決、食料のロス削減や消費を活性化することができるとしている。

図 5.1. 日本の科学及びイノベーションシステムのパフォーマンス比較、2016 年
OECD 加盟国の中央値に対して標準化されたパフォーマンス指数（中央値＝ 100）

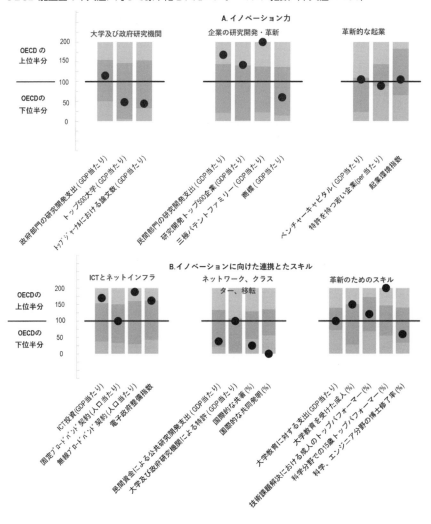

出典：OECD（2016[6]）"Japan", in *OECD Science, Technology and Innovation Outlook 2016*, Paris
https://doi.org/10.1787/sti_in_outlook-2016-70-en

政府のイノベーション政策の枠組み

　日本における科学技術政策は、科学技術基本法と、これに基づいて作成される科学技術基本計画及び科学技術イノベーション総合戦略、司令塔としての内閣府の総合科学技術・イノベーション会議（Council for Science, Technology and Innovation：CSTI）を中心とした各府省の具体的施策の枠組みの下で実施されている。日本の科学技術イノベーション政策の特徴は、CSTIが日本全体の科学技術を俯瞰し、総合的かつ基本的な科学技術イノベーション政策の企画立案及び総合調整を担っている点にある。CSTIは内閣総理大臣を議長とし、内閣官房長官、主管としての科学技術政策担当大臣、総務、財務、文部科学、経済産業大臣といった関係閣僚と、常勤・非常勤の有識者議員、そして日本学術会議会長で構成されている。CSTIの主要任務の一つに、長期的展望を視野に入れた科学技術戦略である「科学技術基本計画」（基本計画）の策定がある。これは科学技術基本法（1995年制定）の下、科学技術の推進を図ることを目的に5年ごとに策定される。

　基本計画が示す中長期的な方向性の下、毎年度の状況変化を踏まえ、その年に特に重点を置くべき施策を示すものが「科学技術イノベーション総合戦略」であり、CSTIを中心に2013年度より毎年策定されている。この総合戦略に基づき、政府全体の科学技術関係予算の分野別・施策別の重点配分を決定している。第5期基本計画の中間年度に当たる2018年度には、CSTIは総合戦略等における様々な施策の進捗状況を確認・評価するとともに、幅広く科学技術イノベーションに関連する政策や経済社会システムを検証するための「統合イノベーション戦略」を策定した。この統合イノベーション戦略において、特に取組みを強化すべき主要分野の一つとして取り上げられているのが農業である。

　政府全体の科学技術関係予算（2018年度当初）は総額38,401億円である。ただし、このうちの5割以上は文部科学省へ割り当てられている。文部科学省は、国内最大の研究機関である理化学研究所や宇宙航空研究開発機

構（JAXA）等の公的研究機関で行われるライフサイエンス、材料・ナノテクノロジー、防災、宇宙、海洋、原子力等に関する研究開発を支援している。また、実際の資金配分を行う日本学術振興会（JSPS）や科学技術振興機構（JST）を通じた創造的・基礎的研究の充実強化も担当している。JSPSやJSTは、農業分野の研究開発に関わる研究者や研究事業に対しても競争的研究資金を提供している。

　現在、政府は、CSTIを司令塔とすることで、産学官が連携して研究開発を進める取組みに力を入れている。例えば2014年に創設された国家プロジェクトである「戦略的イノベーション創造プログラム（SIP）」がある。SIPでは、CSTIが府省・分野の枠を超えて自ら予算を配分し、基礎研究から出口（実用化・事業化）までを見据えた研究開発を推進し、トップダウン式にCSTIが農業を含む社会的課題の解決や産業競争力の強化、経済再生に資する研究課題を選定[1]している。

　日本の地域イノベーション政策については、クラスター戦略と呼ばれる施策によって長年特徴づけられてきた。分野や担当省庁によって差異はあるものの、様々な取組みにより産業及び知的クラスターの創成支援を行ってきた。文部科学省はイノベーションの創出を目的とした大学と民間企業との大規模な産学連携を推し進めてきた。さらに、経済産業省はイノベーションを通じた中小企業の再生を目的とする幅広い取組みを行っている。各省庁による取組みは、近年、横断的な統合や調整が進められてはいるものの、まだ細分化や複雑すぎる等の課題がある（OECD、2016[6]）。企業、研究機関、学術機関によるオープンイノベーションプラットフォームのための新しいプログラム（地域未来オープンイノベーション・プラットフォーム構築事業）では、前競争段階の開発段階において中小企業を巻き込んだ産学連携を奨励し、また中小企業のオーナーと経営者のためのセミナーが中小企業大学校にて開催されている。

5.2 農業イノベーションシステムの主体とガバナンス

　効果的な AIS の確立には、主体間の連携をより重視し、需要主導型のアプローチによるガバナンス体系が必要である。農業イノベーションの長期戦略の策定においては、消費者や社会の需要を反映し、さらに長期的な課題に取り組むためにも、主体間での十分な調整と明確な理解が不可欠である。目標設定や予算配分といった場面における多様な AIS 主体の積極的な関与は、より連携的で需要主導型の AIS にみられる共通の特徴と言える。

　経済全体のプロセス、組織的なイノベーション、ICT の発展、そしてバイオエコノミーは、ますます農業におけるイノベーションの原動力になってきている。AIS と一般的なイノベーションシステムが統合されていくことによって、公的資金のより効率的な活用、専門知識やリソースの結集によるイノベーションシステムの効率性の向上、そしてセクター横断的な技術伝播の達成が期待される。

日本における AIS 主体の役割

政府

　日本の AIS において中心的役割を担うのは農林水産省であり、特に農林水産技術会議が技術研究開発政策の立案・実施を担っている。1956 年 6 月に創設された農林水産技術会議は、農林水産研究基本計画を策定し、これに沿って、国立研究開発法人の農業・食品産業技術総合研究機構（農研機構）及び国際農林水産業研究センター（Japan International Research Center for Agricultural Sciences：JIRCAS）、大学、公設試験研究機関及び民間企業が行う試験研究の総合的な調整と検証・評価を行っている。これらの業務の中には、CSTI 等との連絡調整、競争的研究資金に関わる業務も含まれる。

農業・食品産業技術総合研究機構（農研機構）
　農研機構は、1893 年に設立された農事試験場を母体とする、農業分野に

おける日本最大の試験研究機関である。農研機構の中には21の研究センター・部門等があり、農業・食料・環境に関する幅広い研究活動を行っている。2001年に国立研究開発法人として法人化された。それ以降、政府から農研機構への運営費交付金は年々削減されているが、外部資金獲得や人材管理における機構の裁量は拡大した。

農研機構では、地域の気候風土に合わせた農業技術の開発を促進するため、全国5か所に地域農業研究センターを設けている。同センターは地域農業研究の地域ハブとして現場の農家ニーズを技術開発に反映させる役割が求められている。

このハブ機能を強化するため、2016年には以下のような地域農業研究センターの組織再編が図られた。

- 地域の先進的な農業経営の担い手等で構成するアドバイザリーボードの新設
- 地域の公設試験研究機関や大学、普及組織、民間企業等と連携した共同研究の企画・立案、調整等を行う専門の部署である「産学連携室」の新設
- 日常的に都道府県の農業革新支援専門員等の現場関係者と密に情報・意見交換を行い、ニーズの把握や課題抽出に取り組む農業技術コミュニケーターの配置
- 保有する知的財産権の活用に向けた産学連携コーディネーターの配置

農研機構は2016年に食農ビジネス推進センターを新設し、産官学連携の調整役を担っている。食農ビジネス推進センターでは、農研機構の研究成果や知的財産等の活用に向けて外部の研究機関や民間企業とのマッチングの促進を担っている。加えて、農研機構生物系特定産業技術研究支援センターは、「『知』の集積と活用の場」やSIPプロジェクトに携わり、大学、高等専門学校、国立研究開発法人、民間企業等への橋渡し役を担っている。

農研機構の他、農林水産業に関する公的研究機関は次の二つがある。JIRCASは、熱帯・亜熱帯地域及びその他開発途上地域における農林水産業に関する技術向上のための試験研究を担い、世界の食料問題、環境問題の解決及び農林水産物の安定供給等に貢献している。農林水産政策研究所は、社会科学に特化して国内外の食料・農林水産業・農山漁村の動向及び政策に関

する調査研究を進め、農林水産省の政策の企画・立案等に資する知見を提供している。

地方自治体による公設試験研究機関

各都道府県においては公設試験研究機関（公設試）が設立されており、気候・地勢等の地域性を踏まえた研究開発を行っている。特にコメ・小麦・大豆等のいわゆる主要農作物の品種開発は公設試が中心に行ってきた。

国の公的研究機関と公設試は補完的な研究体制を推進してきた。例えば、遺伝資源の収集や先進的育種技術の開発、そして先導的品種の開発は国が担い、それらの成果を活用して都道府県が独自のブランド品種を開発する等である。

昨今、農業研究をより需要主導型にする取組みが行われている。例えば、国が出資する地域的なR&Dプロジェクトについては、受託研究グループへの農業者や普及組織の参画を要件化し、地域農業研究センターや公設試、県の普及組織・担い手が連携した現地実証研究を推進する等の工夫がなされている。

都道府県の普及組織

普及システムは革新的な知識・技術を現場へ伝播する上で、特にその初期段階において重要な役割を果たす。都道府県は、公設試と一体的に公的な農業普及サービスを農家へ提供している。このため都道府県の普及組織は、公設試が開発した新品種や農法の普及を担うことが主な役割である。

大学

日本の大学も農業関連の知識生成システムの一部として重要な役割を果たしている。ほぼ全都道府県に農学部系のプログラムを設置・運営している国公立大学あるいは私立大学があり、基礎から応用まで幅広く研究に従事している。

民間企業、団体、生産者

AISの主体には、生産者、民間の農業関連企業、農協等も含まれる。農

業関連企業や農協は資材販売等と併せた営農指導を行っているものの、農業R&Dにおける民間企業の参入は限定的である。コメ・小麦・大豆等のいわゆる主要農作物の品種開発は公的研究機関が担っていることから、民間側は野菜や花卉における研究開発に集中している。また、肥料・農薬・農業機具といった投入財部門における研究開発では民間企業が重要な役割を果たしている。

日本におけるAISのガバナンス

政策枠組みと資金メカニズム

　農林水産研究基本計画（研究基本計画）は、日本における10年程度を見通した農業R&Dの方針を定めている。食料・農業・農村基本計画の策定と時期を合わせて、2005年度から5年ごとに農林水産技術会議が策定[2]している。この研究基本計画はCSTIが策定する「統合イノベーション戦略」の内容も考慮して策定される。

　研究基本計画では、分野・品目ごとに具体的な研究開発の目標を定めるとともに、生産者が直面する課題を迅速に解決するための研究に優先順位を置き、さらに地球温暖化対策等、中長期的な研究課題の方向性についても定めている。現在の研究基本計画では、産学官連携研究について32の重点目標が設定された。この目標には、ICTやロボット技術といった異分野の知識・技術等を積極的に導入することで革新的な技術シーズを生み出し、それらの技術シーズを国産農林水産物のバリューチェーンに結びつける取組み等が含まれる。

　農研機構は研究基本計画に基づく公的な研究開発プロジェクトの中心的な実施主体である。農林水産省が定める5年の中長期目標に基づき、農研機構は中長期計画及び年度計画を策定する。現行の農研機構の第4期中期目標期間（2016～2020年度）では、研究基本計画等に基づき、「生産現場の強化・経営力の強化」、「強い農業の実現と新産業の創出」、「農産物・食品の高付加価値化と安全・信頼の確保」、「環境問題の解決・地域資源の活用」という四つを重点化の柱として、農業研究業務を推進している。

研究基本計画で定められた課題・目標に関しては、農林水産省に配分される政府予算（科学技術振興費）を中心に資金提供がなされる。2017年度に農林水産省に配分された予算は984億円であり、これは政府全体の科学技術振興費予算の7.5%分を占める。

　農研機構やその他の農業系公的研究機関の運営予算は主に「運営費交付金」と「研究資金」で賄われる。運営費交付金は、国が独立行政法人に対して附託した業務を運営するために交付されるものである。農林水産省に配分される政府予算(科学技術振興費)のおよそ9割が運営費交付金として充てられる。一方で研究資金として政府から割り当てられる公的研究資金については、主に二つの類型がある。まず、特定の課題に対して農林水産省自らが企画・立案し募集をかける委託プロジェクト研究、そして提案公募型の競争的資金である。委託プロジェクト及び競争的資金の双方とも農林水産技術会議が課題設定や予算配分、応募案件の評価手続き、支払い等の実施運用役を担っている。

　2017年度に委託プロジェクト研究へ割り当てられた予算は41億円、提案公募型の競争的資金は51億円であった。これは2017年度に農林水産省へ配分された政府予算（科学技術振興費）のおよそ4％分と5％分にそれぞれ相当する。OECDが実施したこれまでの調査研究によれば、委託プロジェクト研究及び競争的資金への予算額はいずれの国も拡大を続けているが、日本の農業R&D総予算に占めるプロジェクトベースの研究資金割合は最も低いグループに属する（表 5.1.）。

表 5.1. 農業R&D総予算に占めるプロジェクトベースの研究資金の割合

0-20%	アルゼンチン、ブラジル、中国、韓国、日本
20-40%	カナダ、ラトビア、トルコ
40-60%	オーストラリア、スウェーデン
60-80%	コロンビア、エストニア、米国
80-100%	オランダ

出典：OECD（2019 [7]）

　農研機構等の公的研究機関は、上記の農林水産省から交付を受ける研究資金だけでなく、他の資金を応募獲得することも可能である。例えば農研機構

が 2017 年度に獲得した競争的研究資金の 66% は JSPS や JST といった文部科学省下の機関を通じた研究資金であり、農林水産省からの競争的研究資金は 29% であった。しかしながら、両者を合わせても競争的研究資金の総額は農研機構全予算の約 3％ に留まる。また、農研機構を含む農業系公的研究機関への民間企業からの研究資金の提供は僅かである。2017 年度における農研機構全予算の 88% は農林水産省からの運営費交付金であった。

日本において、農業 R&D への公的投資額は減少傾向にあり、研究資金の効率的な運用に向け、資金の重点化と、民間部門による農業分野に対する R&D 投資が重要な政策課題になっている。これを受け、農林水産技術会議を中心に研究資金制度の見直しが行われ、委託プロジェクト研究及び競争的資金制度において、より多くの民間部門が大学や公的研究機関との共同研究開発に参入するインセンティブを設け、さらにそこから得られた成果をいち早く商業化につなげるための新しい取組みが実施されはじめている。

2018 年には「現場ニーズ対応型研究」と名付けられた新たなメニューが委託プロジェクト研究に追加された。このメニューでは農林漁業者等のニーズを踏まえた明確な研究目標（課題）を設定するために、本省職員による現地訪問や地域農業研究センター等を通じた農林漁業者等へのヒアリング、さらに全国説明会の開催（300 人規模）及び農林水産省 HP 上での意見募集を行う。また経済性や優先度等に関して、有識者（12 名）へ意見聴取を行い、研究課題としての形を整理する。これにより、2018 年度当初予算及び 2017 年度補正予算の 3 事業においては、現場ニーズを反映させた 23 課題が選定された。なお、本研究支援費用の応募に当たっては、農林漁業者、企業、大学、研究機関等の関係機関が研究コンソーシアムを形成し、共同研究計画を策定することが要件化されている。

このほか、委託プロジェクトでは、上記の現場ニーズ対応型と並んで、国が中長期的な視点で取り組むべきと考える特定の課題に対して公募を行う基礎的・先導的な技術開発プロジェクトも柱の一つとされている。この課題については研究コンソーシアムではなく単独でも応募が可能であり、2018 年度は AI を活用した食品流通、スマート育種システム等に関する 3 課題に対して公募を行った。

他の OECD 加盟国の取組み例を見ると、需要主導型の農業研究を実施す

るには関係主体との強いパートナーシップが不可欠であることがわかる。例えば、農業者自身が農業R&Dに対して、法的に義務付けられたあるいは自主的な課徴金システムを通じて資金拠出を行っている国もある。この仕組みでは研究課題に農業者ニーズがより反映されるため、その研究成果も農家段階で広く採用されやすい。また、公的なR&D予算をより基礎研究課題へ振り向けることも可能になる。例として、オーストラリアのRDCモデルは、農業者と政府が50対50の割合で共同出資する取組みとなっており、農業R&D予算の大部分を占めている（Box 5.1）。RDCモデルは品目別に組織化されているが、その中には中小企業や新興産業を含め、品目をまたいだ組織も存在する（OECD、2015[9]）。またスウェーデン農民連盟（LRF）は、1996年にスウェーデン農民農業研究財団を独法機関として設立し、LRFと政府の両方から資金を得ている。毎年、農業における需要主導型の研究を支援するために約5,700万クローネ（670万ドル）を配布しているが、その約3分の2は民間由来である。

Box 5.1.
農業分野の研究開発に対する共同出資モデル

オランダのトップセクター政策

トップセクター政策は、公的資金の投下をトップセクターにおける官民連携への取組みに限定し、関係業界に対して彼らが主導的にイノベーション課題を設定できる仕組みを設けている。トップセクター政策の本来の目的は、民間部門での研究開発を最大限に活かし、公的な研究に活かしていくことであった。本政策により、研究機関、行政、そして民間部門のより緊密な協力を促進することが期待されていた。

公的資金は、民間セクターからの現物（施設へのアクセス）あるいは資金拠出と50対50でマッチングされ、この際に公的支援（投資あるいは税金の還付）を受けることができる。トップセクター政策では、民間部門が政府と科学者とともに、その分野におけるR&D投資の課題を設定する。政府は、企業や科学者に対して、具体的な行動方針を示したアクションプラ

ンの策定を求める。各トップセクターは、知識とイノベーション創出のために一つあるいは複数のコンソーシアムを形成し、起業家と研究者が共同して革新的な製品やコンセプトを開発する。政府はコンソーシアムの執行委員会のオブザーバーの役割を果たす。

オーストラリアの農業研究開発団体
(Rural Research and Development Corporation：RDC) モデル

　農業 R&D に対して政府と農業者が共同で資金拠出を行う RDC モデルは、1989 年に設立された。これは、公的な R&D と産業としての農業の相互作用をイノベーションシステムの中心に置いていることが特徴で、近年、農業 R&D に対する政府支出の大部分はこの RDC モデルが占めている。

　RDC モデルでは、義務的あるいは自主的な課徴金によって一次生産者から回収された R&D 基金について、年間の当該部門の総生産額の 0.5% 分を最大額として、その同額分を、オーストラリア政府が支払うことになっている。

　この共同投資モデルの利点は、研究開発に対するより大きな支出能力を生み出せること、研究成果の恩恵を受ける生産者自らがその費用負担を行うこと、そのため研究課題は実用的価値のあるものになること、そして結果的に研究成果のより幅広く、迅速な採用に繋がること等である。

　当初はより競争的かつ市場主導的であった RDC モデルであるが、昨今はより連携的かつ包括的になっている。一方で、このモデルは食品加工や小売関係者が資金調達の決定に直接関わらないため、フードチェーンの中での製品及びプロセス開発の需要に必ずしも応えられない。同様に、その設計は、生産システムや資源管理における根本的な変更よりも、限定的な改善により適している。過去の評価では、複雑な取決めや不明確な資金の流れに疑問が投げかけられ、その評価が困難であるとの疑問が呈された。

出典：OECD（2015 [10]）、OECD（2015 [9]）

モニタリングと評価

　委託プロジェクト研究等の研究開発評価は、次の４段階で実施されている。まずプロジェクト等の企画立案段階に実施される「事前評価」、次に中間段階での目標達成状況の把握及び社会経済情勢等を踏まえた改善・見直しを行うために実施される「中間評価」、つづいて終了時の目標達成度、成果の意義及び今後の実用化・事業化に向けての見通しや取組み等を把握するために実施される「終了時評価」、そして終了後の一定期間経過後に効果等を検証する「追跡調査」である。評価にあたっては、農業者や民間出身者等で構成する外部評価委員会に諮り、目標の妥当性やその後の進捗状況、達成状況等を第三者が評価する[3]。

　よりよいイノベーション創出を進めるためには、新しい農業技術の生産現場への普及状況や技術の導入効果等に関し追跡調査を行い、開発者へのフィードバックが重要である。農林水産技術会議では、2007年から毎年、近年の研究成果のうち早急に生産現場への普及を推進する重要なものを選定している。選定から２年及び５年を経過した技術に関しては、各都道府県等に対して追加調査を実施し、都道府県の導入状況、導入効果及び導入に際し生じた問題点について整理し、提案機関へフィードバックを行っている。

　個別の研究開発プロジェクトの評価に加えて、農研機構等の国立研究開発法人は、主務大臣による評価を受ける（図5.2.）。農研機構では、法人が行う業務全般のPDCAサイクルを強化するために、第４期中長期目標期間より新たな評価体制を構築した。具体的には、評価業務を一元的に扱う評価室を設置し、さらに研究の柱（セグメント）ごとに外部評価委員に学識経験者や農業者及び実需者等を選任する等、多様な視点からの評価を行う。また、評価結果に基づく研究課題の改廃、研究予算の配分、人的資源の配置等も実施している。特に国際的な観点からの評価が必要な研究課題については、海外の専門家によるレビューを実施し、これは国際的な視点で研究課題の設定等を改善する上で有効な手段となっている。その反面、厳格な研究管理は長期的な視点での新たな知の創出を阻害する潜在的なリスクともなる。

図 5.2. 国立研究開発法人の評価体制

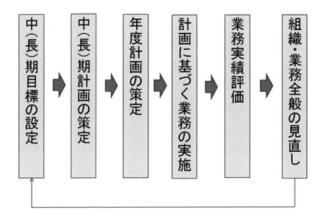

出典：総務省（2018 [11]）「独立行政法人の業務運営の流れ」
　　　http：//www.soumu.go.jp/main_sosiki/hyouka/dokuritu_n/index.html

5.3 　農業及び食品産業における R&D 投資と成果

▍官民投資のトレンド

　日本における研究開発費総額（GERD）の対 GDP（国内総生産）比率は、この 10 年間（2007 ～ 2016 年）、3％台後半で推移している。GERD は官民投資額の合算であるが、GERD を研究主体別の使用状況からみると、企業が全体の約 70％、大学が約 20％、公的機関が約 7％となっており、この比率は 10 年間（2007 ～ 2016 年）でほぼ一定である。民間投資については、投資を担う企業の大半を資本金 100 億円以上の大企業（70％程度）が占めていること、また企業等の研究開発費の 98.3％は自己資金となっている（2015 年）こと等が特徴として挙げられる。

　一方、日本の農業における研究開発については事情が異なり、公的投資が中心となっている。日本では農業分野への公的投資が他分野よりも集中的に行われる一方、農業に対する民間の研究開発費（BERD）を農業の付加価値生産額で割った値は 0.03％しかなく、他の OECD 加盟国と比べても総じて低い（図 5.3.）。その一方で、他産業と比べるとその値はまだ低いものの、食品・飲料産業における民間企業の投資集中度は OECD 加盟国の中でも高い（図 5.4.）。農業分野の公的な R&D 投資と農業総生産の比率は、2009 年の 2.54％をピークに 2013 年まで下降傾向にあったが、多くの OECD 加盟国と比較すると引き続き高い水準にある。

　上述したように、従来は農業 R&D に関し、農研機構等の公的研究機関が主役であった。農林水産分野では工業分野と比べてその成果を商品化・ビジネス化する視点が希薄で、大学や公的研究機関と産業界との連携も狭い範囲にとどまっていた。その結果、農林水産分野では生産者等への普及を中心とした改良・改善型の研究開発に主眼が置かれたものが多かった。

Chapter 5　日本の農業イノベーションシステム

図 5.3. 農業 R&D に対する公的投資の水準
政府予算又は研究開発費の支出に関する付加価値の割合

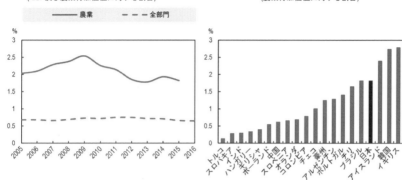

注：* 又はデータ入手可能最新年。

出典：OECD（2016 [12]）　*OECD Science, Technology and R&D Statistics*（database）
https://doi.org/10.1787/48768e54-en
OECD（2017 [13]）　*OECD.Stat*（database）
https://stats.oecd.org
ASTI（2017 [14]）　*Agricultural Science and Technology Indicators 2017*（database）
https://www.asti.cgiar.org/data

図 5.4. 民間部門による農業、食品及び飲料分野での R&D 投資

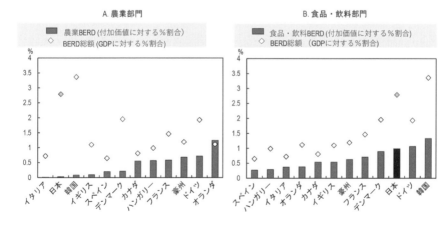

151

注：図は、各国のデータ入手可能最新年に基づいている：農業セクター（パネル A）は 2013 年と 2014 年のデータに基づくが、カナダは 2010 年のデータを使用。食品及び飲料セクター（パネル B）は 2010 年のデータに基づくが、韓国は 2009 年、オーストラリアは 2006 年のデータを使用している。

出典：OECD（2016）[12] *OECD Science, Technology and R&D Statistics*（database）
https://doi.org/10.1787/48768e54-en
OECD（2017）[13] *OECD.Stat*（database）
https://stats.oecd.org

R&D の成果

イノベーションの成果あるいは影響については、広く一般に特許取得数や論文引用数等の代理指標を用いて観察することができる（OECD、2015[15]）。農業・食品産業分野での日本の特許取得数は米国に次いで高い（表 5.2）。その一方で、すべての技術に特許が認められるわけではなく、また申請された技術すべてが有効に使われるものではないことから、特許取得数がイノベーションシステムの包括的な評価指標と言えるかという点には留意が必要である（OECD、2018[16]）。

日本の研究機関が発表した農業分野の論文数は、増加傾向にある中国や韓国と反して、この 10 年間で減少している。ただし、世界全体で見た際の日本の農業分野の論文数及び引用数は、OECD 平均や EU15 か国平均の値よりは依然として高い。

表 5.2. 日本における農業及び食品関係の R&D 成果と国際比較、2007 ～ 2012 年

	日本	韓国	中国	米国	オランダ	BRIICS 平均	OECD 平均	EU15 か国平均
専門性：国全体の成果物に占める農学・食品科学分野の成果物の割合（%）								
特許数	3.5	4.3	2.8	6.8	8.8	3.8	5.6	6.6
論文数	6.8	6.1	5.1	6.7	6.9	12.3	9.4	8.1
引用数	6.9	5.8	6.8	6.3	6.4	12.0	11.9	10.8
世界全体の農学・食品科学の成果物に占める各国の当該分野の成果物の割合（%）								
特許数	3.7	1.2	1.0	10.8	1.0	0.3	0.7	0.6
論文数	4.3	1.8	8.3	18.3	1.6	3.1	2.0	1.8
引用数	4.2	1.4	6.7	27.2	2.8	1.8	2.4	2.4

出典：SCImago（SJR）(2018[17])（2014）

情報サービス企業であるクラリベイト・アナリティクス社 (Clarivate Analytics) では、各研究分野における被引用数が世界の上位1%に入る卓越した論文を高被引用論文 (Essential Science Indicators：ESI) と定義し、論文の卓越性を客観的にはかる指標として分析を行っている。ESIデータベースでは科学全体を大きく22の研究分野に分類しており、農業と関連の強い「植物・動物学」分野において、日本 (2007～2017年) は世界第8位にランクインしている。また国内研究機関に目を向けてみると、本分野では、他分野と比べて公的研究機関 (国立研究開発法人) が上位を占めている。特に農研機構とJIRCASがそれぞれ3位と7位にランクインしており、多くの国内研究機関の中でも世界的にインパクトの大きい最先端の研究を行っている機関であることを示している。

5.4　知識市場とネットワークの創出

農業 R&D における官民連携

　今日の農業イノベーションは、遺伝学やデジタル技術といった農学以外からの技術に依存する傾向が増しており、分野を超えた官民の連携がますます重要となっている。OECD 加盟国では、政府の出資に対して公的機関と民間の共同参加や共同出資を要件化するような、様々な制度や資金メカニズムが導入されてきている。

　例えば、USDA の農業研究部門では、農業の主要課題に取り組むために R&D パートナーシップに取り組んでいる。食料農業研究財団は、政府、大学、産業界及び非営利の研究者間の協力を促進するために、独立した理事会主導の非営利団体として 2014 年に設立された (OECD, 2016[18])。官民パートナーシップ (PPP) は、共同研究開発契約に基づいており、これにより、両当事者は、情報公開法の下で最大 5 年間研究結果を機密に保つことが可能となり、また一方のパートナーが特許又は特許ライセンスの独占権を保有していても、特許技術の利用やライセンスをシェアすることができる。オランダは、官民連携を R&D 戦略の中心に位置付けている点で最も先進的である。しかし、このようなイノベーションの課題設定を業界側に主導的に委ねる仕組みは、公的資金を長期的な課題に対応する基礎的な、公共財としての側面を持つ研究課題ではなく、低リスクで短期的な研究開発に集中させてしまうというリスクもある。

　日本では、AIS において官民連携を大幅に強化する余地が残されている。そこで農林水産省では 2016 年度より農業分野以外も含めた民間企業、大学、研究機関等の多様な関係者を会員とする「『知』の集積と活用の場」、産学官連携協議会を設立し、各地域で開催されるセミナー・ワークショップを通じ、会員同士が交流・情報交換できる機会を設けている (Box 5.2)。この「『知』の集積と活用の場」を通じて、協議会会員の中から、一定の研究領域に関する問題意識や課題を共有し、既存の研究開発のチームの壁を超えて、新たな研究開発の戦略づくりを行うグループが形成されることが期待されている。

2018年から開始された「イノベーション創出強化研究推進事業」では、オープンイノベーションを推進する観点から、「『知』の集積と活用の場」の研究コンソーシアムから提案される研究課題を優遇する仕組みが盛り込まれている（図5.5.）。セクターを超えた研究開発の連携を推進するため、この事業の応用研究ステージ又は開発研究ステージでは、対象者は原則2セクター以上の研究機関等で構成された研究グループであることを求めている。なお、セクター分類は以下の通りである。

- セクターⅠ：都道府県、市町村、公設試、地方独立行政法人
- セクターⅡ：大学、大学共同利用機関
- セクターⅢ：独立行政法人、特殊・認可法人
- セクターⅣ：民間企業、公益・一般法人、NPO法人、協同組合、農林漁業者

「『知』の集積と活用の場」からの提案の場合、研究委託費上限額の引き上げや研究期間が延長されるほか、審査においてポイントが加算され、採択される可能性が高くなるように設計されている。また、民間投資の誘発と企業による研究成果の実用化を促進するため、開発研究ステージにおいては、当該民間企業が必要とする国費の1/2以上を負担するマッチングファンド方式が採用されている。

図 5.5. 競争的資金制度の支援対象となる研究ステージと支援内容

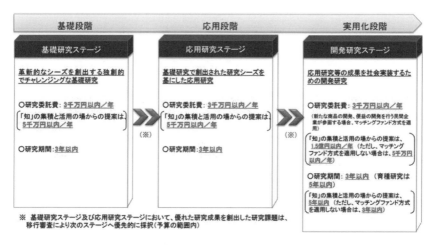

出典：農林水産省（2016[19]）「平成30年度『『知』の集積と活用の場によるイノベーション創出推進事業』のうち『イノベーション創出強化研究推進事業』について」

> Box 5.2.
> 農業におけるオープンイノベーションに向けた
> プラットフォーム
>
> 「『知』の集積と活用の場」は、農業分野の研究開発における人、情報、資金を結びつけるセクターを超えたプラットフォームの構築を目指し、以下の3層構造で推進されている。
>
> - 会員（生産者、民間企業、大学、研究機関等）間の情報交換ができる産学官連携協議会
> - 一定のテーマの下で共通の研究課題に取り組む研究開発プラットフォーム
> - 研究開発プラットフォームに参加している機関が共通課題に対応した研究開発を行う研究コンソーシアム
>
> 2018年5月現在協議会の会員数は1751機関、690個人会員、プラットフォームは118の設立の届出が行われており、活発なオープンイノベーション活動が実施されている。
>
> 異分野の連携によって革新的な研究成果が生み出され、これらがスピード感を持って商品化・事業化へと導くことができれば、農業分野における民間による研究開発投資の促進が期待される。これまで中長期に渡る基礎～応用～実用化までの研究ステージを中心的に担ってきたのは大学や公的研究機関であり、民間企業はその大半が自社の製品・サービス等の商品化・事業化に近い部分を中心とした研究開発に限られる傾向があった。
>
> そこで「『知』の集積と活用の場」では、農業イノベーションシステムの多様な主体間の連携を目的とし、3～5年程度で商品化・事業化に繋がる研究成果が期待されるものに対して、マッチングファンド方式の支援事業を行う。
>
> 農研機構生物系特定産業技術研究支援センターでは、「『知』の集積と活用の場」で行われるオープンイノベーションによる取組みを支援するため、「『知』の集積と活用の場による研究開発モデル事業」として、マッチング

ファンド方式により、民間企業等との連携を促す新たな支援の仕組みを導入した。2016〜2017年に公募を行ったモデル事業では、農林水産業関連で合計17のプロジェクトが採択された。例として、「農林水産・食品産業の情報化と生産システムの革新を推進するアジアモンスーンモデル植物工場システムの開発」や「高付加価値野菜品種ごとに適した栽培条件を作出できる AI-ロボット温室の開発」等がある。

出典：農林水産省（2016）[19]「平成30年度『『知』の集積と活用の場によるイノベーション創出推進事業』のうち『イノベーション創出強化研究推進事業』について」

知的財産保護

複数の同質的な産品を比較的小規模な経営体が生産するという農業においては、個々の農家自身が研究開発を行うことはほとんどない。さらに、工業製品と異なり、家畜や種子の性質は、自然体でも繁殖や栽培を行う中で次世代に引き継がれていく性質（自己複製）があり、このことがイノベーターによる知的財産の保護を複雑にしている。さらに、多くの農業技術が、土壌特性や気候条件、又は地形等に左右され、他の地域に容易に移転できない。これらはすべて、農業のイノベーションを推進するためには独自の政策が必要であることを意味している（OECD、2016[18]）。

日本の知的財産保護は、他の先進国と比較しても高い水準を維持している（図5.6.、Panel C）。特許の保護に関しても1980年代から1990年代において急速に伸び、米国を僅かに下回るレベル、あるいはオランダやフランスと同レベルにまで達している（図5.6.、Panel A）。Campi and Nuvolari（2013）作成の植物品種保護指標（Plant Variety Protection Index）においても同様にスコアを伸ばし、オランダと米国よりは下回るものの、フランスと同等の位置にある（図5.6.、Panel B）。

日本は、知的財産保護に関し、特許制度、商標制度、植物品種保護制度、地理的表示保護制度等の包括的な枠組みを設けている（表5.3.）。農林水産省は種苗の育成者権及び地理的表示保護（GI）制度を担当し、酒類の地理的表示（GI）保護に関しては国税庁が担っている。商標、意匠、特許等は経済産業省の特許庁が担当し、著作権は文化庁の管轄である。

開発者のインセンティブを強化し、研究開発成果の普及を促進するための制度として、「日本版バイ・ドール制度」(産業技術力強化法第19条)がある。本制度は、米国のバイ・ドール法を参考として1999年に導入されたもので、各省庁の政府資金供与によるすべての委託研究開発に関し、その関係する知的財産権について100%受託者(民間企業等)に帰属させることが可能となっている。なお、本措置の適用には、①研究成果が得られた場合には国に報告すること、②国が公共の利益のために必要がある場合に、当該知的所有権を無償で国に実施許諾すること、③当該知的所有権を相当期間利用していない場合に、国の要請に基づいて第三者に当該知的所有権を実施許諾すること、という三つの条件を受託者が約束する場合に限る。

表 5.3. 日本の知的財産保護関連制度

権利の種類	内容	保護の期間
地理的表示(GI)保護制度(特定農林水産物等の名称の保護に関する法律)	品質・社会的評価その他の確立した特性が産地と結びついている産品について、その名称を知的財産として保護するもの	
品種登録による育成者権(種苗法)	農林水産物の生産のために栽培される植物の新品種を独占利用できる権利	登録から25年(樹木は30年)
商標権(商標法)	商品・サービスに使用する名前やマークを独占使用できる権利	登録から10年(更新可能)
地域団体商標(商標法)	地名＋商品名から成る商標を独占使用できる権利	登録から10年(更新可能)
特許権(特許法)	発明者が発明権利を独占利用できる権利	登録から20年
実用新案権(実用新案法)	物品の形状、構造又は組み合わせに係る考案の利用を独占利用できる権利	登録から10年
意匠権(意匠法)	独創的で美的な外観を有する物品の形状・模様・色彩のデザインを独占使用できる権利	登録から20年

出典：農林水産省(2014)[21]「戦略的知的財産活用マニュアル」

　技術流出の防止、ブランドマネジメントの推進や知的財産の保護・活用を図るため、農林水産省は2007年に「農林水産研究知的財産戦略」を策定し、その後の2010年には「新たな農林水産省知的財産戦略」を、さらに2015年には「農林水産省知的財産戦略2020」を策定した。2020の戦略では、ICT関連事業や種苗産業における知財マネジメントの推進が新たな視点として追加されている。

　これまで農研機構等では特許等の知的財産権を相当数取得してきたが、国内の民間企業や地方自治体等に向けた実施許諾やPR等が必ずしも十分でない状況にあった。そこで近年、農林水産技術会議が中心となって、所管法人

における知的財産部局の体制の充実化を図り、さらに各地域農業研究センター等に産学官連携を推進する専門の部署を新たに設置し、専任のコーディネーターが①保有知的財産のPRや実施許諾等の知的財産権の活用に向けた調整、②外部の技術の目利き人材及びビジネスモデルや知的財産マネジメントに精通した人材との連携、③知的財産を活用して事業化に取り組む民間企業との共同研究やベンチャーキャピタル等との連携を積極的に実施している。

日本は、工場所有権の保護に関するパリ条約（1899年）、文学的及び美術的著作物の保護に関するベルヌ条約（1899年）、特許協力条約（PCT）（1978年）、標章の国際登録に関するマドリッド協定に関する議定書（2000年）、特許法条約（PLT）（2016年）、TRIPS協定等、知財関連の主要国際条約に加盟している。

植物の新品種の保護に関する国際条約（UPOV条約）は1961年に採択され、その後、1978年と1991年に改正されている。現在において最新となる1991年条約は、1998年4月に発効し、日本は1998年12月に加盟した。UPOV条約は、締結国が共通の基本原則に立脚して植物の新品種を保護することにより、優れた新品種の開発や流通の促進を目的としている。

植物品種保護のため、日本では「種苗法」に基づき品種登録制度を設けており、新品種を育成した者に、登録により育成者権が付与される。日本の新品種の登録件数は年間約800件であり、2017年時点でUPOV加盟国・地域の中でEU、中国、米国、ウクライナに次ぐ世界第5位となっている（UPOV, 2018[22]）。品種登録を行った者の内訳は、種苗会社が全体の5割を占める一方、個人が25%、国及び都道府県等の公的機関が15%であり、多様な育成者により品種開発が進められていることを示している。

日本は、2007年の東アジア植物品種保護フォーラム（EAPVPフォーラム）の創設を積極的に推進してきた。EAPVPフォーラムは、ASEAN加盟国、中国、韓国、及び日本で構成されており、日本は、UPOV及びUPOV加盟国と協力しつつEAPVPフォーラムの活動を支援している。2018年8月の第11回EAPVPフォーラム年次総会では、共通方針を示した10年戦略が採択された。本戦略は、すべてのフォーラム参加国のUPOV加盟を目指すものであり、東アジア地域全体の植物品種保護の調和と協力の基礎を果たすことが期待されている。

図 5.6. 知的財産権保護に関する指標

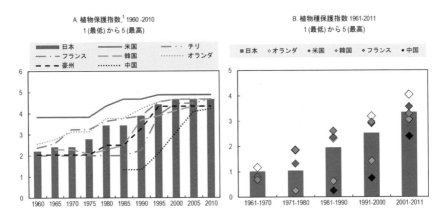

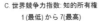

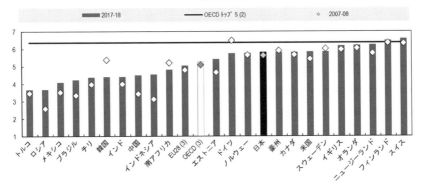

1. Overall index is the sum of indices for duration, enforcement, loss of rights, membership and coverage.
2. OECD top 5 refers to the average of the scores for the top 5 performers among OECD countries in 2017-18 (Switzerland, Finland, Luxembourg, New Zealand and Netherlands).
3. Indices for EU28 and OECD are the simple average of member-country indices.

出典：(Panel A) Adapted from Park (2008 [23]) "International Patent Protection：1960-2005", *Research Policy*, No. 37. (Panel B) Campi and Nuvolari (2013 [20]), *IP Protection in Plant Varieties：A New Worldwide Index (1961-2011)*
http：//hdl.handle.net/10419/89567
(Panel C) WEF (2017 [24]) *The Global Competitiveness Report 2017-2018：Full-data Edition*
http：//reports.weforum.org/global-competitiveness-index-2017-2018/.

税制優遇と研究開発

日本では、研究開発を税制面から支援することを目的に、法人税額の軽減措置「研究開発税制」が講じられている。本制度は、青色申告を行う法人に試験研究費が発生した場合、その総額のうち一定割合に相当する金額がその事業年度の法人税額から控除されるものである。法人税額の 40% 相当額を限度とする。なお、2017 年 4 月からは、「モノづくり」の研究開発に加え、ビッグデータ等を活用した第 4 次産業革命型の「サービス」の研究開発も支援対象として追加された。対象となるサービス開発事例には「農業支援サービス」も含まれる。図 5.7. は、「直接的支援（企業の研究開発費のうち政府が負担した金額）」及び「間接的支援（企業の法人税のうち、研究開発税制優遇措置により控除された税額）」を対 GDP 比で示したものである。他国と比較して、日本は直接的支援が極めて小さく、間接的支援が大きいことを示している。

図 5.7. 民間研究開発に対する政府直接資金援助及び優遇税制、2015 年
対 GDP 比

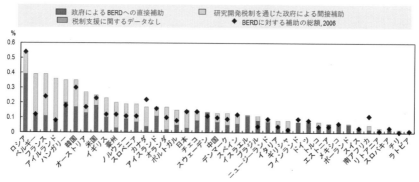

出典：OECD（2017 [25]） *Innovation in Firms*
https://doi.org/10.1787/sti_scoreboard-2017-graph135-en

研究開発税制は、企業規模の大小を問わず適用可能であるが、中小企業(資本金が 1 億円以下である等の要件を満たす者) に対しては、税額控除割合が高めに設定される。また、企業のオープンイノベーションを後押しするため企業の試験研究費のうち国の試験研究機関・大学その他の者との共同研究

や委託研究に要した費用等（特別試験研究費）、その特別試験研究費の額の30％（相手方が大学等）又は20％（相手方が中小企業等）の金額をその事業年度の法人税額から控除することが認められている。

　税制優遇のほか、中小企業技術革新制度は、事業実施者を中小企業者等に想定している研究開発のための補助金・委託費等を特定補助金等として指定し、指定された特定補助金等を受けて研究開発を行った中小企業者等が、その成果を事業化する際に、様々な支援策が用意されている。具体的には、日本政策金融公庫の特別貸付制度（開発された技術を利用して行う事業に必要な設備投資や運転資金の融資）や特許料等の減免等である。

5.5 国際的な研究開発協力

イノベーションシステムにおける国際協力の利点は、お互いが自国の強み・専門性を活かしながら、農業知識・技術の波及効果を得られることである。農業分野の研究開発における国際協力は、グローバルな問題（気候変動への対応等）や越境性の課題（国境を越えた家畜伝染病のまん延等）の解決に向けた研究開発や共通課題に関する初期投資が高額な場合に特に有効である。

国際共同研究の促進

日本の農業・食品関連の特許申請数は他国と比較しても総じて多いものの、このうち海外の開発者との共同で申請しているものは僅か5.2%しかない。また、農業・食品分野の論文掲載数のうち海外研究者との共著論文の割合もOECD平均より低い（表 5.4.）。こうした国際共同研究開発水準の低調さは農業分野だけでなく、日本の研究界全般に指摘されている点であり、海外の知識資源を由来とするイノベーションの割合に関する2008～2010年度の調査では、当時のOECD加盟国24か国中16位の評価をされている（(OECD、2013[4])）。このほか、2013年に日本で実施された研究開発の僅か0.5%が国外からの資金によるものであった。

表 5.4. 日本における農業・食品科学における国際共同研究、2006～2011年
国外の研究者との農業・食品科学における研究開発成果（当該分野全体の成果に占める割合 %）

	Japan 日本	Korea 韓国	China 中国	United States 米国	Netherlands オランダ	BRIICS average BRIICS 平均	OECD average OECD 平均	EU15 average EU15 か国 平均
Agricultural science collaboration 農学分野での連携								
Patents 特許数	5.2	5.8	21.8	14.3	27.1	23.7	11.8	36.2
Publications 論文数	31.5	31.4	23.6	36.4	65.1	38.9	50.8	57.7

出典：OECD（2014[26]） *OECD Patent Database*
https://doi.org/10.1787/patent-data-en
SCImago（SJR）（2018[17]） *SCImago Journal & Country Rank*
http://www.scimagojr.com.

このような中、農林水産省は2014年から、国内の研究機関が他国の研究機関・国際研究機関との間で国際共同研究に関する覚書（MOU）等の締結を

支援する事業を実施してきた。この結果、これまで JIRCAS は 121 件、農研機構は 72 件の MOU を締結しており、これら MOU の相手国は 40 か国以上となっている。さらに、2017 年には国際共同研究パイロット事業として、農林水産技術会議事務局とロシア科学基金及びイスラエル農業・農村開発省との間で、国際共同研究に係る覚書（MOC）を締結し、ロシア及びイスラエルとの国際共同研究を行うこととしている。そのほか、農研機構では、2018 年よりオランダ・ワーゲニンゲン大学研究センターにリエゾン・サイエンティストを配置し、同大学や EU 内の研究機関とのネットワーク構築を進めている。

途上国における技術開発及び地球規模課題への対応

国連の「持続可能な開発目標」（SDGs）の達成に向けて、農林水産省は、国際研究機関への拠出金や国内の研究機関への委託プロジェクト等を通じて、気候変動等の地球規模課題に取り組んでいる。

JIRCAS は、熱帯又は亜熱帯に属する地域その他開発途上地域における農林水産業に関し、技術上の試験及び研究を行うことが法律で明記された日本の唯一の国立研究機関である。現在は、「開発途上地域における持続的な資源・環境管理技術の開発」、「熱帯等の不良環境における農産物の安定生産技術の開発」、「開発途上地域の地域資源等の活用と高付加価値化技術の開発」、「国際的な農林水産業に関する動向把握のための情報の収集、分析及び提供」の四つのプログラムの下で、14 の国際共同研究プロジェクトを実施している。

また、農研機構においても、環境問題の解決・地域資源の活用等は重点を置いている分野の一つであり、例えば農林水産省からの委託プロジェクトで、国際稲研究所（IRRI）やフィリピン・タイ・ベトナム・インドネシアの研究機関と協力して、水田からの温室効果ガスを削減する節水栽培技術をアジア各地の環境に応用する研究を行ってきた。また、農林水産省や JICA の協力要請に基づき、職員の派遣や研修の受け入れを通じて、途上国の農業技術開発や能力向上に貢献している。

このほか、日本と開発途上国の両研究者との共同研究の推進を目的とする大規模プログラムとして、2008 年より実施されている SATREPS がある。

本プログラムでは、国内研究機関への研究助成のノウハウを有する JST と、開発途上国への技術協力を実施する JICA が、国際共同研究全体の研究開発マネジメントを協力して行う。各プロジェクトの研究期間は 3 〜 5 年で、1 課題あたりの予算は 1 億円程度／年である。これまで世界 50 か国で 133 プロジェクトが実施されてきた。

農業分野の研究開発に関する国際的な枠組みへの参加

　国際的な枠組みへの参加は、日本にとっても国際研究ネットワーク構築やこれを通じた日本の農業研究への先進的な知見のインプットに資する。そのため、日本は農業研究に関する種々の国際的な枠組みに積極的に参加しており、G20 首席農業研究者会議（MACS）への参加はその一環である。本会合は、G20 各国及び国際研究機関における首席研究者及び研究行政官により、世界の研究の優先事項を協議するとともに、各国及び国際研究機関の連携強化を図ることを目的としている。日本からは農林水産技術会議事務局及び JIRCAS 等から代表者が参加している。また、日本は 2019 年の G20 の議長国であることから、同年 4 月に東京都内で第 8 回 MACS 会合を主催した。このほか、日本と海外の研究者の交流を促進するため、OECD 国際共同研究プログラム（Co-operative Research Programme：CRP）に分担金を拠出し、日本での国際会議の開催、日本の研究者の海外派遣及び外国人研究者の受け入れを積極的に支援している。

　日本は、2017 年 8 月からの 1 年間、50 か国が参加する農業分野の温室効果ガス排出削減等に関する国際研究ネットワークである「グローバル・リサーチ・アライアンス」（GRA）の議長国を務めた。さらに、日本は国際農業研究協議グループ（CGIAR）に対して拠出金事業等を措置し、地球規模課題の解決に資する国際農林水産業研究の推進に貢献している。JIRCAS は、CGIAR の研究機関である IRRI、CIMMYT、CIAT、IITA、ICRAF、AfricaRice と共同研究を実施するとともに、CGIAR システム管理事務局に研究者を派遣している。

　日本と CGIAR では、近年、民間企業の持つ機能を有効に技術開発や普及強化に結び付けるため、官民協力の取組みを盛んに行っている。例えば、日

本の栄養改善事業推進プラットフォーム (Nutrition Japan Public Private : Platform NJPPP) は CGIAR の研究センターの一つである Biodiversity International と連携を図りながら、SDGs に示される開発途上地域の栄養改善に取り組んでいる。このほかの PPP 取組み例としては、国際生物多様性センター（バイオバーシティ、ケニア事務所）と日清食品（即席麺の開発）、国際熱帯農業研究所 (IITA, ナイジェリア) と太陽インダストリー（魚のエサ生産技術）、IITA とホンダ（小型農業機械導入）、国際熱帯農業センター (CIAT) と味の素（耐病性の高いキャッサバ供給等）の連携等がある。

このほか、JIRCAS は、イネいもち病、ダイズさび病について、それぞれ国際的な研究ネットワークを構築し、共同研究と情報の共有を行う。さらにアフリカにおける食料・栄養問題の解決に寄与するため、アフリカ稲作振興のための共同体 (CARD) 及び食と栄養のアフリカ・イニシアティブ (IFNA) の執行理事会メンバーとして、関連する国際機関やアフリカ各国と連携を図っている。また、農研機構は主要家畜伝染性疾病及び人畜共通伝染病に関する研究ネットワークへも参画している。

農学知的支援ネットワーク (JISNAS) は、農学分野における若手研究者による国際協力活動や途上国の人材育成のための業務支援等を担う。JISNAS は農学を通じた国際協力活動に関わる大学間の連携、さらに JIRCAS や JICA との連携を促進することを目的に 2009 年に設立された。現在 49 の国内大学・団体がメンバーとして登録され、文部科学省及び農林水産省はオブザーバー機関として参加している。

要 点

- イノベーション政策は、研究開発と特定の技術に主眼を置いた供給主導型のアプローチから、ネットワークを基盤としたものに移行することで、より包摂的かつ参加型のアプローチとなり食品及び農業システムが直面する喫緊の課題に対応するイノベーションを促進することとなる。これは、農家及びその他の法人、普及組織、研究機関、大学、職業教育訓練所、農業関連企業や政府が相互作用により、イノベーションプロセスに参加しながら知識の創出、学習、利用を行うことを意味する。

- 農業機械や農業化学分野は例外として、農業研究開発に関しては、公的研究機関が研究開発のあらゆるステージにおいて中心的な役割を担ってきた。原則として、公的研究機関は、商業生産とは直接結び付かない中長期的な視点で行われる前競争的な分野に集中すべきである。公的農業研究開発の役割をさらに明確化していくことは、イノベーションプロセスにおいて幅広い主体を呼び込み、また農業研究開発への民間投資を増やすだろう。

- プロジェクト研究への資金は増加しているものの、農研機構をはじめとする公的研究機関への運営費交付金は依然として農業研究開発予算の大半を占めている。農研機構の予算の9割は農林水産省からの運営費交付金であるように、公的農業研究開発において運営費交付金が占める割合は総じて高い。

- OECD諸国全体では、農業イノベーションシステムのガバナンスを改善するための努力として、より正式かつ早期の段階で関係者を巻き込み、評価フレームワークを強化することにより、より一貫性があり長期的な食品・農業分野におけるイノベーション戦略の開発に焦点を当てている。また、農家をイノベーションのプロセスに積極的に組み込もうと努力している国もある。

- 日本では研究開発計画や実施、そして評価といった各プロセスにおいて、農業者やその他の関係者を巻き込む取組みを強化している。今後、農業分野における研究開発投資のための生産者との共同資金拠出制度を開発することで、農業研究開発システムがより需要主導型にできるだろう。共同資金拠出制度により、全体として農業研究開発のための全体的な支出能力を高めながら、政府は中長期的な研究に、より多くの資金を振り向けることができるようになる。しかし、研究開発の成果は同じセクターの他の農家に便益を与えることから、個々の生産者は研究開発プロジェクトに資金を提供する経済的な動機がほとんどないのが現状である。生産者との共同出資制度を構築するためには、生産者が研究開発プロジェクトに資金を提供するための団体を結成することを奨励する法的及び財政的システムが必要である。

- 日本は、各年の研究実施計画の策定及び主務大臣や第三者機関による年度末評価を含め、公的研究機関における研究計画や評価体制を強化してきた。このような厳格な研究管理体制は、プロジェクトの進行状況を把握する上で重要である一方、各年の進行管理は中長期的な研究課題の実施を妨げ、公的研究機関外からのその他の AIS 主体の参入や連携を阻害する可能性もある。

- 農研機構の地域農研センターが、地域の生産者グループとの連携を通じた現場ニーズ対応型により主眼を置いてきていることで、日本の AIS において都道府県の公設試との役割が不明確化してきている。国と都道府県の研究機関は、それぞれの役割を明確にし、調整を進めることで、研究開発努力を統合できるだろう。

- 今日の農業におけるイノベーションは、遺伝学やデジタル技術等、農業外の分野で開発された技術により依存している。このようなイノベーションでは、分野を超越した官民連携を必要とし、日本は分野を越えた AIS 主体間の連携を強化すべきである。研究連携を目的とした「知」の集積と活用の場や税制優遇等はこのような方向性に沿った有用なイニシアティブであるが、日本は分野横断的な連携を未だ妨げている障害を取り除き、より農業 R&D システムを経済全体のイノベーションシステムへとさらに統合すべきである。

- 農業分野における国際的な共同研究は、日本の強みを活かし、さらに国際的な波及効果によって日本のイノベーションシステムをより強固なものとする。国際共同研究は、気候変動や越境性問題といったグローバルな課題を扱う上でも重要である。しかしながら、日本の農業・食品関係の R&D 成果において、国外の研究者との共著・共同発明は OECD 加盟国平均よりも低い。

注

1 第1期SIP（2014～2018で実施）においては11課題が選定され、「次世代農林水産業創造技術」の課題もその一つとして含まれている。第2期SIP（2018～2022で実施）においても、選定された12課題には農業分野のイノベーションを推進する「スマートバイオ産業・農業基盤技術」が含まれており、AIやICT等を活用してフードチェーン全体での効率化を実現するスマートフードチェーンの構築に向けた研究開発等を実施することとしている。

2 現行の研究基本計画は2015～2020年期間を対象としたもので、本内容については2014年2月より農林水産技術会議常任委員7名に加え、消費者、マスコミ等の3名の特別委員を加えての検討が開始された。また、延べ150か所以上の現場や民間企業、大学等を訪れて意見交換を行ったほか、アンケートやホームページにおける意見募集等を行い、現場からの情報収集に努め、これらを反映させ、2015年3月31日に決定した。

3 国立研究開発法人の評価については、これまで外部有識者で構成する各府省の独立行政法人評価委員会がそれぞれ独自に評価の基準等を定め、評価を実施してきたが、2015年からは総務省が定めた政府統一的な指針に従い、主務大臣が各国立研究開発法人の取組み状況等を評価している。農研機構の場合、外部有識者で構成される審議会が設けられ、助言がなされる。農林水産技術会議はこれらの意見を踏まえ、毎年必要な見直し等を指導する。また、中長期目標期間終了時には、法人の組織・業務全般にわたる評価と見直しが主務大臣により行われる。

参考文献

ASTI (2017) *Agricultural Science and Technology Indicators* ｜ ASTI, [14]
https：//www.asti.cgiar.org/
(accessed on 23 January 2019)

Campi, M. and A. Nuvolari (2013) *Intellectual property protection in plan varieties：* [20]
A new worldwide index (1961-2011), Pisa：Scuola Superiore Sant'
Anna, Laboratory of Economics and Management (LEM)
https：//www.econstor.eu/handle/10419/89567
(accessed on 23 January 2019)

IO (2012) *Sustainable agricultural productivity growth and bridging the gap for* [1]
small-family farms, Interagency Report to the Mexican G20 Presidency,
https：//cgspace.cgiar.org/bitstream/handle/10947/2702/Sustainable_Agricultural_
Productivity_Growth_and_Bridging_the_Gap_for_Small-Family_Farms.pdf?
sequence=1
(accessed on 22 January 2019). [8]

農林水産省（2016）　平成 30 年度「『知』の集積と活用の場によるイノベーション創出推進事業」 [19]
のうち「イノベーション創出強化研究推進事業」について
http：//www.maff.go.jp/e/policies/tech_res/attach/pdf/index-2.pdf

農林水産省（2014）　戦略的知的財産活用マニュアル [21]
http：//www.maff.go.jp/j/kanbo/tizai/brand/b_data/pdf/260401_manyuaru.pdf

総務省（2018）　独立行政法人の業務運営の流れ [11]
http：//www.soumu.go.jp/main_sosiki/hyouka/dokuritu_n/index.html.

OECD (2019) "*Innovation, productivity and sustainability in food and* [7]
agriculture：Main findings from country reviews and policy lessons",
TAD/CA/APM/WP (2018) 15/FINAL.

OECD (2018) *Innovation, Agricultural Productivity and Sustainability in Sweden,* [16]
OECD Food and Agricultural Reviews, OECD Publishing, Paris
https：//dx.doi.org/10.1787/9789264085268-en

OECD (2018) *Japan：Promoting Inclusive Growth for an Ageing Society,* [3]
Better Policies, OECD Publishing, Paris
https：//dx.doi.org/10.1787/9789264299207-en

OECD (2017) "*Direct government funding and tax support for business* [25]
R&D, 2015：As a percentage of GDP", in *OECD Science, Technology and Industry Scoreboard*
2017：The digital transformation, OECD Publishing, Paris
https：//dx.doi.org/10.1787/9789264268821-en

OECD (2017) *OECD.Stat, System of national accounts* [13]
https：//stats.oecd.org
(accessed on 23 January 2019)

OECD (2016) *Innovation, Agricultural Productivity and Sustainability in the United States,* [18]
OECD Food and Agricultural Reviews, OECD Publishing, Paris
https：//dx.doi.org/10.1787/9789264264120-en

OECD (2016) "*Japan*", in *OECD Science, Technology and Innovation Outlook 2016,* [6]
OECD Publishing, Paris
https：//dx.doi.org/10.1787/sti_in_outlook-2016-70-en

OECD (2016) "Research and Development Statistics： [12]
Gross domestic expenditure on R-D by sector of performance and socio-economic objective
(Edition 2016)", *OECD Science, Technology and R&D Statistics (database)*
https：//dx.doi.org/10.1787/48768e54-en
(accessed on 23 January 2019)

OECD (2016) *Skills Matter：Further Results from the Survey of Adult Skills*, [5]
OECD Skills Studies, OECD Publishing, Paris
https：//dx.doi.org/10.1787/9789264258051-en

OECD (2015) *Analysing policies to improve agricultural productivity growth,* [15]
sustainably：Revised framework
http：//www.oecd.org/tad/agricultural-policies/innovation-food-agriculture.htm

OECD (2015) *Innovation, Agricultural Productivity and Sustainability in Australia,* [9]
OECD Food and Agricultural Reviews, OECD Publishing, Paris
https：//dx.doi.org/10.1787/9789264238367-en

OECD (2015) *Innovation, Agricultural Productivity and Sustainability in the Netherlands,* [10]
OECD Food and Agricultural Reviews, OECD Publishing, Paris,
https：//dx.doi.org/10.1787/9789264238473-en

OECD (2014) *OECD Patent Database* [26]
https：//doi.org/10.1787/patent-data-en

OECD (2013) *OECD Science, Technology and Industry Scoreboard 2013：* [4]
Innovation for Growth, OECD Publishing, Paris
https：//dx.doi.org/10.1787/sti_scoreboard-2013-en

OECD (2010) *Ministerial report on the OECD Innovation Strategy.* [2]
Innovation to strengthen growth and address global and social challenges：Key findings
http：//www.oecd.org/innovation/strategy
(accessed on 22 January 2019)

Park, W. (2008) "International patent protection：1960-2005", [23]
Research Policy, Vol. 37/4, pp. 761-766
http：//dx.doi.org/10.1016/J.RESPOL.2008.01.006

SCImago (SJR) (2018) *SCImago Journal & Country Rank [Portal],* [17]
http：//www.scimagojr.com
(accessed on 2018)

UPOV (2018) *UPOV Council Fifty-Second Ordinary Session November 2, 2018：Report* [22]
https：//www.upov.int/edocs/mdocs/upov/en/c_52/c_52_20.pdf

WEF (2017) *The Global Competitiveness Report 2017-2018：Full data edition* [24]
http：//reports.weforum.org/global-competitiveness-index-2017-2018/

Chapter 6
日本の農業における人材育成

イノベーション創出に向けた人材育成は、OECDイノベーション戦略においても明記された、政府による行動の五つの優先事項の一つである。人々は、イノベーションを生み出すアイデアや知識を創出し、職場においてあるいは消費者として、その知識や、結果として生まれる技術、製品、サービスなどを適用する。イノベーションは、学び、適応し、再訓練する能力だけでなく、特に全く新しい製品やプロセスの導入をフォローする際に、幅広いスキルを必要とする。農業者がイノベーションに取組み、新たな問題を解決し、他の関係者と関わっていくためのスキルを養成することは、農業イノベーションシステム（AIS）の中核であり、教育やトレーニングを改善することで、AISを効果的に機能させることができる。イノベーション創出に向けた人材育成は、幅広い関連した教育だけでなく、公的教育を補完する、より広範囲のスキル開発にも必要とされている。本章では、日本における農業者教育、農業普及・アドバイザリーシステムの発展、及び関連の農業施策の現状を概観する。

6.1 日本の農業者に必要となるスキルの変化

　日本の農業は、農業就業人口の高齢化と若い世代の職業としての農業への低い関心に苦しんできた。この10年における高齢農業者の離農の増加は、一方で、若い世代の農業者による規模拡大や、新たな資本を農業に持ち込む契機にもなった。稲作を含む農業の中で、大規模で法人化された農業経営の役割が拡大した。伝統的な家族経営とは異なり、農業法人における経営は、しばしば日々の農業生産作業と農業経営における意思決定を分離し、農業生産、加工、マーケティング、IT、財務及び人的資源管理といった様々な分

野の専門家を継続的に雇用している。

　今日、農業経営者として求められるスキル及び資格は、過去とは大きく異なっており、日本の農業をめぐる経済的、技術的、社会的条件の変化に伴い、変化し続けるだろう。革新的な農業技術は、より高度な専門スキルを要求し、効率性を高めたい農業者は、新しい能力も必要とするだろう。近代的な農業バリューチェーンの発達に伴い、農業経営者は農業生産にとどまらない、より統合的な事業計画を策定するための起業あるいはデジタルに関する知識を獲得することを一層要求される。そこには、より専門的な農業支援サービスなどの外部経営資源の活用も含まれる。

　今日の農業におけるイノベーションは、他産業からの技術やスキルにより依存している。そのため、農業者は公的・民間の多様な関係者との協働を求められる。農業・食料部門のイノベーション力はまた、スキルのある労働者を引きつけられるかどうかにも依存している。農業・食料部門における報酬や労働環境を他産業と比べ改善することは、重要な要素であるが、その前提として起業を促進する政策・市場環境を整備することが必要である。

　農業の基幹作業が機械化される一方、農業は依然として季節労働に依存している。日本においては、2018年5月以降、有効求人倍率が1.6以上となっていることからも例証されるように、労働市場におけるスキルと労働力不足が顕在化している。2015年のマンパワーグループの人材不足に関する調査は、日本の雇用主の83%が求人を充足するのに苦労しており、これは調査に参加した42か国（平均38%）中で最も高い（Manpower Group、2015[1]）。他産業との激しい競争により、短期的労働需要の充足は、農業における大きな制約になっている（Box 6.1.）。

> Box 6.1.
> ## 将来の課題や機会に関する日本の農業者の認識調査
>
> 　2017年に、農林水産省は50歳未満の農業者に対して、農業経営の方法や将来への期待に関するオンライン調査を実施した。彼らが直面する課題について尋ねたところ、回答者の47%が人材不足が最大の問題であり、ついで農産物の品質に対する販売価格が適切でないことと回答した（複数回答）。技術の不足（32%）は、農業者全体では4位の位置づけであったが、耕種生産者の間では1位となった。新規就農者は、技術の不足や資金調達の困難性に直面する傾向があり、人材不足は経営規模を拡大した際により問題となっていた。
> 　その他の質問（複数回答）として、将来の経営戦略についても尋ねた。収量の向上は、優先的に取り組む戦略として最も多くの回答を集めた（回答者の71%）。ついで、品質の向上・ブランド化（53%）の回答が多かった。IoTなどの最新技術の導入や、他産業との協同は、経営規模が大きくなるほど重要視される傾向があった。
>
> 出典：農林水産省（2018）[2]　食料・農業・農村白書2017年度版
> 　　　http：//www.maff.go.jp/e/data/publish/attach/pdf/index-93.pdf

　スキルの需給のミスマッチは、農業がイノベーションに取組み、受容する能力を制限してしまう。近代化する農業におけるスキルのある労働力に対するニーズに応えるためには、再訓練や農業教育・トレーニングのプログラムを不断に見直すことが求められる。このプロセスにおいて、関係者の参画を得て、農業において優先されるスキルを特定する取組みを行う国もある。例えば、オーストラリアでは、2000年代後半より、労働市場の要求を満たすために、農業の技術・職業教育／トレーニングの改善に着手している。オーストラリアの農業・食品産業はまた、優先的に求められるスキルと実行戦略を公表している（Box 6.2.）。

Box 6.2.
オーストラリアの農業・食品産業で求められる優先的なスキルと戦略を策定する取組み

　オーストラリアでは、スキルのある労働力の供給水準が長らく懸案事項となっている。例えば、農業・園芸産業においては総じて求人の75%のみ充足されており、2013年から2014年にかけて、一つの求人に対して10人の申込みがあったとき、求人に見合った人材は2人しかいなかった。

　産業と教育を連携させるために設置が義務づけられた11あるオーストラリアの産業スキル委員会の一つであるアグリフード・スキルズ・オーストラリア（Agrifood Skills Australia）は、優先的に求められるスキルと実行戦略に関する農業・食品産業のビジョンを発表した。これは、ビジネス能力から職務、スキル向上までにわたる幅広い枠組みであり、スキルを持った新しい世代を引きつけ、既に存在している労働力の知識・スキルを強化し、有効活用しようする試みである。多くの産業に共通して見られる問題に加えて、この枠組みは学生が農業・食品産業におけるキャリアを選択するよう促す特別の課題に取り組む必要性を強調している。また、農業の現場で獲得された知識の重要性を反映し、非公式の教育を通じたOJTの重要性も強調している。

出典：OECD（2015 [3]）　*Innovation, Agricultural Productivity and Sustainability in Australia*, OECD Food and Agricultural Reviews, OECD Publishing, Paris https：//doi.org/10.1787/9789264238367-en

6.2　農業者教育

　全体的に見て、日本は教育の成果と公平性を高い水準で達成している。国際的な学力評価に関するOECDプログラム（PISA）において、日本は読解力、科学的及び数学的能力において、上位のグループに位置づけられ続けている。高等教育を修了する学生の割合が高いことは、知識労働力に加わる人数が多いことにもつながっている。

　日本は、スキル開発ではトップの成果を出しているが、国の経済成長や生産性の重要な側面である職場におけるスキル活用では成果を出せていない。日本は、OECDの成人スキル調査において、労働者の読解力と計算能力で1位となっているが、職場における読解力の活用の評価はOECD平均と近く、計算能力の活用は平均より低い。この調査結果は、学歴への依存から生涯を通じたスキル志向の教育の発展へと移行する必要性を明確に示している（OECD、2013[4]）。日本の労働者の3分の2以上が訓練の必要性を感じているのに対し、調査結果は、日本における生涯教育への参加は、OECD諸国の下位4分の1にあることを示している。

　さらに、日本において、教育及び訓練が自らの仕事に役立っていると答えた労働者の割合は、OECD平均よりもかなり低い（OECD、2018[5]）。学校が自らの主体性や起業家的なものの捉え方に役立ったと考える日本人は18％に過ぎず、これはOECD諸国で最下位であり、OECD平均52％よりもはるかに低い（OECD、2013[6]）。日本の教育システムは現在、コンピテンシーを強化し、今日の複雑な需要を満たすのに必要な知識、スキル、態度、価値観を獲得・再編成する移行過程にある（OECD、2018[7]）。

Chapter 6　日本の農業における人材育成

図 6.1. 日本の教育システム

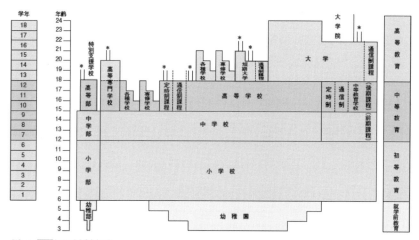

注：1. ＊は専門コースを表す。
　　2. 高等教育機関、高等学校、大学、短期大学、特別支援学校は、別途 1 年あるいはより長期の別コースを設置できる。
　　3. 0~2 歳児は、学校と保育の機能を持つ認定こども園に出席できる。
　　4. 専修学校その他の学校における年齢及び入学要件は公式には定義されていない。

出典：文部科学省（2019[8]）　学校系統図
　　　http：//www.mext.go.jp/en/policy/education/overview/index.htm

　日本の教育システムは、普通教育を重視しており、高等教育における農林水産業や獣医学科目の割合は OECD 諸国のなかで最も高い（OECD、2018[9]）。しかしながら、農業高等学校や大学・短期大学の農学部における教育は、必ずしも将来の農業者のスキル育成を目指していない。多くの場合、農業高等学校の目標は、農業に関連する幅広い教育を提供することにある。農業大学や大学農学部は、科学としての農学を教えている。農業高等学校、農業大学・大学農学部（短期大学含む）の卒業生のうち、農林業に就職した者の割合は 2016 年で 3％程度である（表 6.1.）。

表 6.1. 農業教育機関別の卒業生の就農率、2016 年

	農業高等学校	県農業大学校	大学（短大含む）
学校数	303	42	63
卒業生数	26 856	1 741	22 891
就農率, %	3.0	57.1	2.8

出典：文部科学省（2016 [10]）　学校基本調査 2016（database）
https：//www.e-stat.go.jp/stat-search/files?page=1&toukei=00400001
&tstat=000001011528; National Council of Agricultural Colleges

　日本の高等教育における職業教育の役割は相対的に小さい。高等教育全体において職業プログラムに所属する生徒の割合は低く（23%）、OECD 平均の半分ほどである（図 6.2.）。県農業大学校卒業生が 49 歳以下の新規就農者に占める割合は 5 ～ 10% ほどにとどまる。

図 6.2. OECD 諸国の高等教育における職業教育プログラムの割合、2015 年

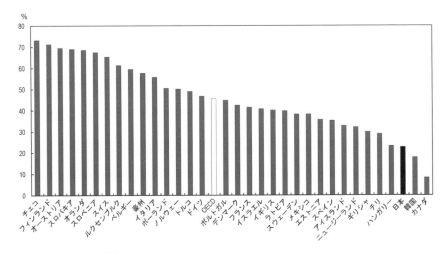

出典：OECD（2017 [11]）　*Education at a Glance 2017：OECD Indicators*
https：//doi.org/10.1787/eag-2017-en

　日本において、いくつかの民間の教育機関が将来の農業者育成のための職業教育を提供しているものの、農業分野における職業教育を行っているのは、第一に道府県の農業大学校である。五つの都県を除いた各道府県に農業大学校は設置されている。これら 42 の農業大学校では、高等学校卒業者を対象

に座学と実習を組み合わせた2年間のプログラムを提供している。卒業生の過半は卒業時に就農している。かつては、卒業時就農者の過半は農業経営に戻っていたが、非農家出身の学生の増加により、今では農業経営に雇用されるケースがより一般的になっている。

道府県の農業大学校は、道府県の農業普及事業の一部として発展し、普及事業に関する農林水産省の運営指針に基づいて運営されている。教員は多くの場合、農業の実務家ではなく普及指導員である。実習は、公的普及事業、県農業試験場、農業経営の協力の下で行われている。これらの大学校におけるカリキュラムは、農業生産技術の習得を重視している。

職業教育システム改善の基本的な方向性は、革新的な戦略を実施するために必要な技術・経営スキルを発展させることである。これにより、農業者は新たな環境に適応し、新たな問題を解決し、多様なステークホルダーのネットワークとの協働ができるようになる。そのためには、産業あるいは消費者からの現在の需要を考慮するだけでなく、現在進行中の技術の変化、経済の変化、環境の変化を反映した教育プログラムが求められる。OECDによれば、効果的な職業システムには、労働市場のニーズを満たすこと、良質な中核的学術スキルを提供すること、労働ベースの学習を統合することが含まれる（Box 6.3.）。

Box 6.3.
効果的な職業教育システムの主要な特徴

高等教育における職業教育・トレーニングについてのOECDの調査に基づく政策提言には、効果的な職業教育システムを確立するものとして以下の特徴を含んでいる。

職業プログラムの構成や内容がどのように決定されるか？
- 労働市場のニーズに応える職業規定の構成を確立するメカニズム
- 適切な中核的学術スキル、特に読解力と計算能力に関する教育が、職業プログラムの中に確立されること
- 高等学校レベルの良質の職業資格が、よりレベルの高い職業あるいは学

術プログラムへとつながっていること

職業スキルがどのように学習者に教授されるか？

- より幅広い専門領域をカバーする良質の実習システム及びより高次の実習システム
- 職業ベースの学習がすべての職業プログラムに統合されること
- 教育スキルと最新の業界知識・経験をバランスよく提供できる職業教育を担う教育者

スキルをどのように評価、認証、活用するか？

- 労働市場からの参画者とともに開発した資格
- 資格に反映された、良質の職業スキル評価
- 専門試験及び教育歴の認証を含む、効果的な能力ベースのアプローチ
  職業教育・トレーニングを支える政策、実践、機関
- 職業プログラムは、政府、雇用主、労働組合との協働で開発されるべきである。
- 信頼できるキャリア情報に裏打ちされた、効果的で、使用しやすく、独立し、先取的なキャリアガイダンス

出典：OECD（2014 [12]）　*Skills beyond School：Synthesis Report, OECD Reviews of Vocational Education and Training*
https：//doi.org/10.1787/9789264214682-en

　2019年に、日本は、新たに4年間コースの専門職大学と2～3年間コースの専門職短期大学制度を導入した。これは、産業界及び地域との協働により職業教育を提供する高等教育機関を設立することを目的としている。専門職大学を設置する基準として、専任教員の40％以上が実務家であること、カリキュラムにインターンシップを含むことが要求されている。この制度は、学生が学校で職業に関する学習を行うとともに実践的な就業経験を獲得する二重学習モデルを提供することを企図している。農業は、この新しい教育制度の設置に当たり、想定されている主な産業の一つである。

　各国の経験は、積極的な産業の関与が、農業の職業教育における労働市場からのニーズに応える鍵となることを示している。例えば、オランダにおいて策定された人的資本計画（Human Capital Agenda）は、国の研究開発戦

略の重要な部分である。これは、教育及びスキル開発分野におけるアグリビジネスの関与を深め責任を持たせるため、また農業・園芸産業のあらゆるレベルにおいて、資格を持った従業員が将来にわたって供給されるように、十分な数の学生を引きつけるためのものである。そしてオランダにおける緑の教育（Green Education）は、高いスキルと知識集約的な職業の機会を強調し、農村地域出身というバックグランドを持たない広い範囲の学生からの関心を引きつけることで、農業・食品産業におけるキャリアを推進している（Box 6.4.）。

Box 6.4.
オランダ：緑の教育の発展

オランダにおける農業教育は、農業・食品産業の民間セクターとの密接な協力により組織された、通称「緑の教育 Green Education（農業、自然、食料）」に組み込まれている。中学教育には、普通教育と職業教育を組み合わせ、高等学校教育における職業教育・トレーニングプログラム（4年間）に向けた準備を生徒にさせる事前職業教育プログラム（4年間）が含まれている。高等教育は、二種類の機関により提供されている。一つは、研究大学であり、もう一つは応用科学大学である。研究大学は、第一に研究志向のプログラムに焦点を当てる一方、応用科学大学は、学生が特定の職業にむけ準備するためのプログラムを提供している。

人的資本計画は、オランダの研究開発戦略の一部として策定された。その目的は、教育やスキル開発におけるアグリビジネスの関与と責任をより大きくすること、及び農業・園芸産業において資格を持った従業員の適切な供給が確保できるよう、あらゆるレベルにおいて十分な数の学生を引きつけることである。人的資本計画は、三つの重要なテーマを掲げている。1)産業のイメージを改善し、よき雇用主となること、2) 職業志向のカリキュラムを策定すること、3) 生涯学習を促進すること、である。アグリビジネスの関与を促すために、関係者が職業教育に共同で資金提供をしている。その見返りとして、ツール、トレーニング、インターンシップが提供され、学生と教員は、アグリビジネスパートナーのために（研究などの）プロジェクトに従事する。

教育を提供する方法もまた変化している。生涯学習及び遠隔学習のプログラムが急速に発展しており、潜在的な学生の母集団を拡大させている。職業教育において起業に焦点を当てる必要性及び経営トレーニングの必要性についても、その認識が増大している。

出典：OECD（2015[13]） *Innovation, Agricultural Productivity and Sustainability in the Netherlands, OECD Food and Agricultural Reviews*
https://dx.doi.org/10.1787/9789264238473-en

　生涯教育の機会を提供することは、農業者が新たな産業の知識や技術を獲得する重要な機会となる。日本においても継続教育を強化しているものの、教育への成人の参加は多くのOECD諸国よりも低位にとどまっている（OECD、2018[9]）。農業分野においては、都道府県が、マーケティング、組織管理、財務管理などを教える農業経営塾を開始している。ここでは多くの場合他産業の経営者、税理士、経営コンサルタント、大学教授などを招いている。2018年度において、25の道府県がこのような塾を開催している。さらに、公的出資による中小企業大学校が全国9か所にあり、中小企業の経営者や従業員に訓練の機会を提供している。地域の大学の中には、地域リーダーやイノベーターの潜在能力を開発するという観点から、農業に関する継続教育プログラムを提供しているところもある。

6.3 新規就農及び農業経営継承を支援する政策

　日本の農業においては、農業従事者の退出者の数は、新規就農者の数を上回っており、農業従事者数は減少している。他産業従事から家族農業経営に戻る者（離職就農者）は新規就農者の約8割を占めるが（図6.3.）、その過半は60歳以上であることから、彼らの多くは他産業を退職した後に農業を始めているものと示唆される。その一方で、49歳以下の新規就農者も2014年から2017年にかけて4年連続で2万人を超えている。

　農業法人による雇用は、若い新規就農者が増加している主な要因となっている。2017年に、29歳以下の新規就農者の43%は農業法人等からの被雇用者（雇用就農者）であり、農業のバックグランドを持たない若い労働者が農業に参入する新しいルートが生まれている。新たに農業経営を立ち上げる新規参入者の数もまた増加しているが、その割合は2017年において7%に満たない。雇用就農者が農業経営スキルを身につけ、独立した農業者になっていくことが期待されている。

図6.3. 日本における新規就農者の推移、2006年～2017年

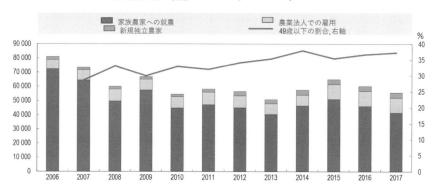

出典：農林水産省（2018[14]）　新規就農者調査
　　　http://www.maff.go.jp/j/tokei/kouhyou/sinki/

新規就農を支援する政策

　政府は新規就農を促進する政策を強化してきた。新規就農相談センターが各都道府県に設置され、農業者になるための様々な方法を紹介している。2012年には、農林水産省が新規就農者に対する二つの経済的支援を導入した。一つめのプログラムは、50歳未満で就農を計画する者に対して、県農業大学校における1～2年のトレーニングに際して年当たり150万円の支給を行うものである。二つめのプログラムは、50歳未満の新規就農者の所得を支援するために、年当たり上限150万円を最大5年間支給するものである。このプログラムは、家族農業経営を継承する者やこれを改良・近代化する者も対象となる。新規就農者は、就農計画を提出し、自治体から認定を受ける必要がある。認定新規就農者は、初期投資をまかなうために、日本政策金融公庫から無利子の融資を受けることができる。

　農林水産省は、新規就農者のための施策として農の雇用事業も創設した。この事業の下で、雇用主は最大2年間、新規に雇用した従業員に対して十分なOJTを行うことを条件に財政支援を申請できる。申請に際しては、新たに雇用された従業員が50歳未満で、過去5年間に農業従事経験がなく（あるいは限られており）雇用主と血縁関係にないことが条件となる。

円滑な農業経営継承を促進する施策

　日本の伝統的な相続の慣習は、男子を優先とする長子相続であり、これが家族農業経営の継承にも適用されていた。しかし、日本の民法は、すべての相続人に平等の相続権を認めている。農業経営の分割を回避するために、一人の相続人が農地を相続し、相続後に農業経営を20年間継続した場合に、相続税・贈与税は原則として免除される。その一方で、この施策は、相続人がこの20年の間に農地を貸し出すことを妨げてきた。その期間中に農地を貸し出せば、猶予された相続税・贈与税を支払う責任を負うことになるからである。2009年に、この制度は改正され、相続人が農地を貸し出した場合でも、当該農地が市街化区域外にあり、相続人の生存中に農地として維持されれば、相続税・贈与税の免除の恩恵を受けられるようになった。

1970年以降、日本では農業者向けの追加の年金制度が維持されている。この年金制度では、制度に加入した農業者が60歳から65歳の間に農業を引退し、後継者に農業資産を移譲すれば、年金支給額に50%の付加年金を加えることで、農業者が早期に農業から引退することを促している。しかしながら、この年金制度は、賦課方式をとっていたため財政的な持続性が保てなくなり、2002年に積み立て方式へと移行した。新制度の下で、認定農業者は、最大20年間にわたり、彼ら自身が支払う保険料と同額の保険料を政府から拠出してもらうことができる。

6.4 農業普及及び農業支援サービス

　農業普及及び技術アドバイザリーサービスにより、農業者は生産、経営スキルを向上させることができる。普及事業は、農家段階でのイノベーションと知識の適用を促進すべく技術と実践の仲介者としての役割を果たしている。多くの国では、公的普及事業の改革により、幅広い主体が支援サービスを提供する官民混合的な農業支援システムが現れてきている。現在、伝統的な公的普及組織と並行して、民間企業、NGO、生産者組織などが、より積極的な役割を果たしている（Box 6.5.）。これは、経営資源、性別、市場アクセス、耕種・家畜生産システムなどが農業者によって大きく異なっており、持続的な生産性向上に向けては、様々な種類の情報・サービスが求められていることと大きく関係している。

Box 6.5.
農業普及・支援組織の国際比較

　技術アドバイザリーサービスは国によって異なり、数多くの公的・民間のサービス供給主体があることが多い。その結果、農業者はどのサービスが自分たちに役立つか選択することができる（表 6.2.）。政府の役割は、日本や韓国など、政府が資金供給かつサービスの提供主体である国から、エストニアなど、独立した組織が運営するサービスに共同で資金提供し指針を示す国まで、様々である。国によっては、農業者の組織が、提供されるサービスに対して集団としてあるいは個人的に資金を提供して、サービス供給に重要な役割を果たすこともある。オランダでは、国の普及事業は民営化され、多様な民間の供給主体に取って代わられた。特に経営やICTなどの専門的な知識では、経営コンサルティング会社が重要な役割を果たす国もある。農業者がサービスを利用するため、少額の補助金が利用できるようにしている国もある。

表 6.2. 各国の技術アドバイザリーサービスの特徴

	主な組織	資金の供給源	国名
国の運営	地域・国家レベルの公的組織	公的資金による財源	ブラジル（小規模生産者向け）、コロンビア、日本、韓国、スウェーデン、トルコ、米国
公的-民間サービス	民間のコンサルティング会社による供給が増加	農業者がサービスに対して一部または全額を支払い（集中型あるいは分散型）	カナダ、中国、エストニア、オーストラリア、米国
農業者組織	農業者組織	会費やその他の費用は農業者が支払い	オーストラリア、カナダ、コロンビア、米国
商用	営利企業または民間の個人	事業実施あるいは助成金による支払い	オランダ、ブラジル（商業的農場向け）、トルコ、米国

注：同じ国に複数のシステムが同時に存在する。

出典：Adapted from OECD（2013 [15]） *Agricultural Innovation Systems：A Framework for Analysing the Role of the Government*
https：//dx.doi.org/10.1787/9789264200593-en

OECD（2015 [16]） *Fostering Green Growth in Agriculture：The Role of Training, Advisory Services and Extension Initiatives*
https：//dx.doi.org/10.1787/9789264232198-en

　農業・食品産業のバリューチェーンに参画する関係者（農業資材供給業者、農産物購入業者など）により提供される技術アドバイザリーサービスは、多くの場合付随サービスとなっている。すなわち、農業者が農薬・肥料などの製品を購入した際に技術指導等のサービスが与えられる。契約栽培も、潜在的には農業者に専門知識を届ける効果的な方法である。契約栽培は、起業能力とともに投入材の正確な施用が必要とされるような基準へのコンプライアンスが要求される、高度に垂直的統合がなされているサプライチェーンにおいてはなおさら重要である。多くの OECD 諸国では、民間の技術アドバイザリーサービスは、時とともに発展してきた。

　日本では、都道府県と地域の JA が無料で技術支援サービスを提供している。一方、多様な専門家が経営や生産に関する技術サドバイザリーサービスを有料で提供している畜産部門を除き、日本では民間の農業技術アドバイザリーサービスは未発達である。

　伝統的に、都道府県の農業試験場は育種や農業技術を開発し、各都道府県の農業普及センターがそれらを現場に取り入れてきた。農林水産省は、農

業普及事業の運営指針を提供し、都道府県の普及指導員の質を管理しており、普及指導員になるためには、農林水産省が行う資格試験に合格する必要がある。都道府県は、農業普及事業を実施するための費用の5％を国から補助金として受け取っている。普及指導員の数は最近20年間で30％減少し、普及センターの数も1998年から2018年の間に510から360へと減少した。地域のJAは技術指導サービスを組合員に対して提供している。2016年において、JAは13,750人の営農指導員を擁している。これは、普及指導員数の倍である。JAはまた、営農指導員について独自の基準を定めている。

日本における公的農業普及事業は当初、不利な状況にある小規模家族農業経営が、公的研究機関により開発された近代的な生産技術を受け入れること、また住居、栄養、健康支援を通じた生活を改善することを支援するために設立された。このような役割を今日も普及事業は担い続けているが、今日の多様かつより専門的な技術の要求に応えることの困難性にも直面している。

2012年に、農林水産省は、先進的な農業者の技術要求に対応するため農業革新支援専門員制度を導入した。これらの専門員は、研究機関、教育機関と政府の間の連携水準を向上させる役割も期待されている。全都道府県に農業革新支援センターが設立され、2018年において、都道府県の指導普及員の中から高度な技術知識及び調整能力を持つ609名の農業革新支援専門員が選任されている。同様に、JAグループも先進的な農業者に対する営農指導を強化している。具体的には、先進的農業者との連携を確立し、情報を収集し、彼らのニーズへの解決策を提供する、TAC運動を推進している。

公的・民間の双方が調和した需要主導型の技術アドバイザリーサービスを確立することで、農業経営における新しい技術の効果的な適用が促進される。官民が共存する状況下では、官民の間での効果的な連携により、農業者の多様な需要やニーズに応える調和の取れたサービスの供給が確実にできる。技術普及サービスの民営化により、農業普及・技術アドバイザリーサービスの効率性と有効性を強化することができる。

例えば、オランダは公的普及事業を民営化したが、このことによって技術サービスの不適切な供給やサービスを十分に受けられないといった結果をもたらした証拠はない。政府も、農業者がトレーニング、普及、イノベーションの仲介、技術アドバイザリーサービスを利用できるよう支援している。公

的普及事業の民営化は、イノベーション能力が限られる小さな規模の運営を、より大規模、知識集約的で、より強力なイノベーション能力を持つ企業体へと転換させた。これらの企業体は、新たな知識への需要をより明確に示すようになってきた。アドバイザーを雇う農業者は、支払ったお金にふさわしい価値を得ることをより重視しており、農場拡大に際しての法律上の問題といった明確なアドバイスを求める。このことは、農業支援サービスの分野に新たな専門家の参入の余地を与え、競争を促してきた。情報をアップデートし、農業者とのコンタクトを保つこととなるネットワーク型の事業に専門的アドバイザーが参加するケースは増え続けている。

　オランダ政府は、多元的な技術支援体制を調整する役割を担い続けている。その結果、様々なサービス供給主体の活動や範囲、規模が調整・包含されている。サービスの質は保証され、サービス供給主体を説明することができ、農業者は技術アドバイザリーサービスに影響を与えることができ、得られた教訓はサービス供給主体の間で共有される。一方で、政府は、環境保全型の生産慣行や地理的不利地域へのサービス、規則や政策要件へのコンプライアンスなど、民間サービスでは提供しがたい普及事業の業務を確立する必要がある。例えば、EUの技術支援サービス制度は、助成金支払いに際してのクロスコンプライアンスを支援する義務を負っている (Box 6.6.)。

Box 6.6.
EU加盟国における農業支援サービス

　EU共通農業政策による直接支払いの受給条件として、農業者は特定の農業環境要件の基準及び環境、動物衛生・福祉に関するいくつかの規則を順守することを求められる。2007年以降、加盟国は、農業者がクロスコンプライアンスの基準を順守することを支援する幅広い目的を持つ国立の農業アドバイザリーサービス制度（FAS）を設置する法的な義務を負っている。加盟国の約半数では、FASが特別のサービスとして、既存の普及事業を実行するものとして設置されている。その他の加盟国では、FASは他のサービスと統合されている。農業者にアドバイザリーサービスを提供する組織は、14の加盟国では入札により選定されており、その他では公的あるいは民間の主体が指定されている（五つの加盟国は両方のケースに相当する）。

　農業者が最初にFASにコンタクトする手段は、通常であればヘルプセンターへの電話であるが、農業経営における1対1のアドバイスを行い、農業経営での小グループでの議論により補完する方法がもっとも広く用いられている。コンピューターを用いた情報ツールやチェックリストが提供されている国もある。1対1の農業経営でのアドバイスは、無料で提供されている国もあるが、費用の一定部分（国により20％から100％）を農業者が支払うよう求められる国もある。農業者がクロスコンプライアンスの基準を守るよう意識啓発を行うことがFASの主な目的であるが、加盟国はその他の事項に関する支援サービスをFASの業務に含めることができる。約半分の加盟国がそのようにしており、農業経営の競争力、営農行為の環境への影響、農業環境契約などの農村開発施策の実行支援といった幅広い事項に関するアドバイザリーサービスが展開されている。

出典：OECD（2015）[16] *Fostering Green Growth in Agriculture：The Role of Training, Advisory Services and Extension Initiatives*
https://dx.doi.org/10.1787/9789264232198-en

6.5 労働市場政策

労働基準法は、労働条件に関する最低基準を定めている。しかし、家族経営で働く親族には適用されない。また農業労働の性質に鑑みて、農業には同法の労働時間、休憩、休日、割増賃金などの規定が適用されない。一方で、政府は、家族農業経営に対して、家族の労働条件や経営の役割分担などを明確にするために、「家族経営協定」の締結を促している。

大規模な企業的農業経営は、雇用労働力への依存を強めている。2015年において、販売額3千万円以上の企業的農業経営の72%が労働者を雇用、48%は常時雇用であり、平均の雇用人数は3.4人となっている。現在の制度下では、農業法人経営及び臨時雇用を含め5人以上を雇用している農業経営は、労働保険と社会保険への加入が義務となっている。農業経営が人材確保を行う際に、他産業と比較しうる競争的な労働条件を確立することは必須となってきている。

外国人労働者の割合は、日本の労働力全体の2%であり、OECD諸国の中で最も低い。しかし、農業・食品産業においては外国人労働力への依存が増大している。原則として、日本の入国管理政策は、どの産業においても技能を持たない外国人労働者を受け入れていない。しかし、技能・技術・知識を開発途上国に移転することを目的として、1993年に外国人技能実習制度が導入された。この制度は、国際協力を目的としており、日本における労働力不足を補う手段ではない。外国人労働者（実習生含む）の数は、2013年に70万人であったが、2016年には初めて100万人を超えた。農業と食品製造業は、外国人技能実習生を受け入れている主要な産業である（図6.4.）。

図 6.4. 日本における外国人技能実習生の推移（主な職種別）、2007~2016 年

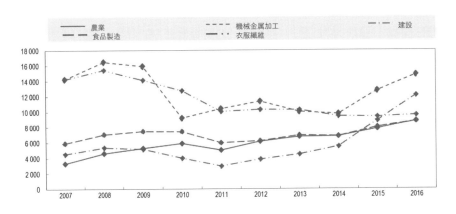

注：1 年以上の技能実習期間を認められた者のみを計上している。
出典：公益財団法人　国際研修協力機構（JITCO）

　外国人技能実習制度は、業界団体など非営利組織の監視の下で、法人との雇用契約を認めるものである。雇用主は、技能実習生が、本国では習得することが困難なスキルを獲得し強化するための技能実習計画を準備しなければならない。技能実習期間は最大 5 年間となっている。2 年以上の技能実習が可能な農業労働は、施設園芸、畑作、野菜、果樹、養豚、養鶏、酪農に限定されている。技能実習生を通年雇用する要件が制限されているにもかかわらず、制度の目的とは異なり、外国人技能実習生に依存している農業経営もある。
　実習の監督の強化と技能実習生の保護をはかるために、2017 年に外国人技能実習制度は改正された。この改正では、実習期間の上限が 3 年から 5 年へと拡大され、優良な実習実施組織・法人等では受け入れ可能な技能実習生数も拡大された。
　日本は、2017 年に国家戦略特区において外国人農業労働力を受け入れる新たな制度を始めた。この制度下では、人材派遣会社が外国人労働者を受け入れ、農業経営に派遣する。外国人労働者は 3 年間滞在できるが、農繁期の農業支援活動に従事し、農閑期には帰国することが認められている。この制度は、農業における季節労働の需要を満たすことが期待されている。さらに、

2019年に、政府は、農業を含むいくつかの産業において、技能及び語学の試験に合格した外国人労働者が最大5年滞在できる新たな在留資格を導入した。これらの試験は、技能実習制度を修了した者に対しては免除される。この場合、外国人労働者は合計で最大10年間滞在することができる。この在留資格の下で、政府は2019年から2024年の間に、農業を含む14の産業において345,510人の外国人労働者を受け入れることを見込んでいる。

6.6 要点

● スキルのある労働者を農業に引きつけるためには、農業を魅力的でイノベーションや起業機会にあふれたものにしていくことが求められる。様々な教育を受けてきたスキルのある労働者は、農業におけるイノベーションのプロセスを強化できる。技術アドバイザリーサービスなど、民間の農業関連のサービス供給主体が増えることで、農業におけるスキルの供給を強化できる。

● 農業をめぐる技術条件や農業・食品産業のバリューチェーンの急速な変化、それにビジネス志向の企業的農業経営への構造変化によって、日本の農業経営者に求められるスキルや資質・資格は高度化している。農業経営者は、農業経営の内部・外部の人的資源や知識を活用し、農業生産にとどまらない統合された事業計画を策定するために、これまでにも増して起業やデジタル技術に関するスキルが必要となる。

● スキルの需要と供給のミスマッチは、農業がイノベーションを進め、採用する能力を限定してしまう。農業におけるスキルのある労働者に対して増加するニーズに対応するために、産業の需要を反映した再訓練や教育制度の修正が求められる。

● 農業者教育・研修をより魅力のある、現実の問題と直結するものにすることは、才能を引き出し、労働市場におけるスキルの潜在的なミスマッチを解決するための重要な役割を担う。生涯教育は、農業者が新たな技術に遅れないようにするために必要である。多くの関係者とともに、双方向性の高い共創や共同開発のプロセスを増やすことは、農業におけるスキルのニーズを特定し、日本における農業教育を改善するために必要である。

● 現在のところ、道府県の農業大学校が、農業における職業教育の主たる供給者である。しかし、これらの大学校は、必ずしも将来農業経営者になることを望む、資質があり熱心な学生を引きつけているわけではない。これらの学校は、今日の日本の農業においてますます多様化・高度化していくスキルの要求に教育・訓練プログラムを適合させていくことの困難性にも直面している。

● 農業界との連携を強化することは、農業大学校がその能力を拡大させ、労働市場のニーズにより効果的に合致していくことを可能にする。例えば、先進的農業経営や農業・食品産業が教育や資金の拠出などの面でより体系的にその運営に参画していくことなどが方法として考えられる。

● 農業大学校は、道府県レベルで普及事業の一部として設置されている。このことが、農業において多様化・高度化する職業教育のニーズに応えることを難し

くしている。より広範な地域レベルでの統合により、農業大学校は自らの資源を蓄積し、地域の農業の条件により合致した、特色があり専門的な教育が提供できる。

- 農業大学校のカリキュラムは、農業生産技術だけでなく、将来の農業経営者に求められるより幅広いスキルへの習得と多様化されるべきである。実際の職場ベースのトレーニングは、学生が農場で働きながら同時に学ぶことを可能にする。農業大学校を新設の専門職大学に転換することは、農業界との連携を強化し、カリキュラムの新しい方向性を設定するための一つの方法であろう。

- 政府は、新規就農する若い農業者に対する支援を強化してきた。施策では、就農前後の最大7年間にわたり、若年農業者への所得支援を提供している。しかし、座学と先進農業経営におけるインターンシップを組み合わせた体系的な学習とトレーニングの機会を提供することが、持続可能な農業者として必要なスキルを獲得するためにより重要である。

- 道府県の普及事業及び地域のJAは、無料で技術アドバイザリーサービスを提供している。しかし、民間企業による技術アドバイザリーサービスは、畜産分野を除き、比較的未発達である。道府県の普及事業やJAともに、スキルや知識を現実の技術や産業の発展と同じ早さでアップデートすることや起業やリスクマネジメントに関するスキルを主要な課題として取り込む限界に直面している。

- 日本の普及制度は、公的機関と民間サービスが融合した多元的な技術アドバイザリーシステムへと進化しなければならない。公的普及事業は、持続可能な生産慣行の採用、条件不利地における生産者の支援、現場段階での政策の調整といった公的な分野に重点を置くべきである。政府は、農業者向けの生涯教育・研修に対する支援を強化する主体的な役割を担うことができる。JAの営農指導事業は、競争力を高め、有料のサービスを含めるべきである。

- 農業の機械化にもかかわらず、農業は依然として季節労働力に依存している。労働人口の減少により、農業における臨時労働力が限られていることが、農業経営の制約となってきている。日本は、労働市場及び移民政策を通じて、季節労働力の不足を充足するとともに、農業における労働節約技術を開発するという課題に直面している。

参考文献

農林水産省（2018） 食料・農業・農村白書平成 29 年度版 [2]
http：//www.maff.go.jp/c/data/publish/attach/pdf/index-93.pdf

農林水産省（2018） 新規就農者調査 [14]
http：//www.maff.go.jp/j/tokei/kouhyou/sinki/

Manpower Group（2015） 2015 Talent Shortage Survey [1]
http：//dx.doi.org/www.manpowergroup.com/wps/wcm/connect/db23c560-08b6-485f-9bf6-f5f38a-
43c76a/2015_Talent_Shortage_Survey_US-lo_res.pdf?MOD=AJPERES
(accessed on 25 July 2018)

文部科学省（2019） 学校系統図 [8]
http：//www.mext.go.jp/en/policy/education/overview/index.htm
(accessed on 27 February 2019)

文部科学省（2016） 学校基本調査 *2016* [10]
https：//www.e-stat.go.jp/stat-search/files?page=1&toukei=00400001&tstat=000001011528
(accessed on 25 July 2018)

OECD（2018） *Education at a Glance 2018：OECD Indicators,* OECD Publishing, Paris, [9]
https：//dx.doi.org/10.1787/eag-2018-en

OECD（2018） *Education Policy in Japan：Building Bridges towards 2030,* [5]
Reviews of National Policies for Education, OECD Publishing, Paris
https：//dx.doi.org/10.1787/9789264302402-en

OECD（2018） *Japan：Promoting Inclusive Growth for an Ageing Society,* [7]
Better Policies, OECD Publishing, Paris
https：//dx.doi.org/10.1787/9789264299207-en

OECD（2017） *Education at a Glance 2017：OECD Indicators,* OECD Publishing, Paris, [11]
https：//dx.doi.org/10.1787/eag-2017-en

OECD（2015） *Fostering Green Growth in Agriculture：The Role of Training, Advisory* [16]
Services and Extension Initiatives, OECD Green Growth Studies, OECD Publishing, Paris
https：//dx.doi.org/10.1787/9789264232198-en

OECD（2015） *Innovation, Agricultural Productivity and Sustainability in Australia,* [3]
OECD Food and Agricultural Reviews, OECD Publishing, Paris
https：//dx.doi.org/10.1787/9789264238367-en

OECD（2015） *Innovation, Agricultural Productivity and Sustainability in the Netherlands,* [13]
OECD Food and Agricultural Reviews, OECD Publishing, Paris
https：//dx.doi.org/10.1787/9789264238473-en

OECD（2014） *Skills beyond School：Synthesis Report,* [12]
OECD Reviews of Vocational Education and Training, OECD Publishing, Paris,
https：//dx.doi.org/10.1787/9789264214682-en

OECD（2013） *Agricultural Innovation Systems：A Framework for Analysing the Role of* [15]
the Government, OECD Publishing, Paris
https：//dx.doi.org/10.1787/9789264200593-en

OECD（2013） *Entrepreneurship at a Glance 2013,* OECD Publishing, Paris, [6]
https：//dx.doi.org/10.1787/entrepreneur_aag-2013-en

OECD（2013） *OECD Skills Outlook 2013：First Results from the Survey of Adult Skills,* [4]
OECD Publishing, Paris
https：//dx.doi.org/10.1787/9789264204256-en

OECD 政策レビュー・
日本農業のイノベーション ～生産性と持続可能性の向上をめざして～

2019年8月17日　第1版第1刷発行

編　著	O E C D	
訳　者	木　村　伸　吾	
	米　田　立　子	
	重　光　真起子	
	浅　井　真　康	
	内　山　智　裕	
発行者	箕　浦　文　夫	
発行所	株式会社 大成出版社	

〒156-0042
東京都世田谷区羽根木1-7-11
電話 03 (3321) 4131 (代)
https://www.taisei-shuppan.co.jp/

©OECD, 2019　　　　　　　　　　　　印刷　亜細亜印刷

落丁・乱丁はおとりかえいたします。
ISBN978-4-8028-3379-0